Informations légales

Auteur et éditeur : M.Eng. Johannes Wild
A94689H39927F
E-mail : 3dtech@gmx.de

Les mentions légales complètes du livre se trouvent dans les dernières pages !

Cette œuvre est protégée par le droit d'auteur

Toutes les informations contenues dans ce livre ont été rassemblées en toute bonne foi et soigneusement vérifiées. La maison d'édition et l'auteur ne garantissent toutefois pas l'actualité, l'exactitude, l'exhaustivité et la qualité des informations fournies. Ce livre est uniquement destiné à des fins éducatives et ne constitue pas une recommandation d'action. L'utilisation de ce livre et la mise en œuvre des informations qu'il contient se font expressément aux risques et périls de l'utilisateur. En particulier, aucune garantie ou responsabilité n'est donnée par l'auteur et l'éditeur pour les dommages matériels ou immatériels résultant de l'utilisation ou de la non-utilisation des informations contenues dans ce livre. Ce livre ne prétend pas être complet ni exempt d'erreurs. Toute revendication juridique ou de dommages et intérêts est exclue. Les contenus des pages Internet reproduites dans ce livre relèvent exclusivement de la responsabilité des exploitants des sites en question. La maison d'édition et l'auteur n'ont aucune influence sur la conception et le contenu des sites Internet tiers. La maison d'édition et l'auteur se distancient donc de tous les contenus étrangers. Au moment de l'utilisation, aucun contenu illégal n'était présent sur les sites Internet. Les marques et noms d'usage cités dans ce livre restent la propriété exclusive de leurs auteurs ou détenteurs respectifs.

Table des matières

Chapitre 1 | Introduction

Merci beaucoup d'avoir choisi ce livre !

Attention : ce livre est la suite du livre "Projets CAO avec Tinkercad | Modèles 3D partie 1" (ISBN : 9783987421167) ainsi que du livre de base "Tinkercad | Pas à pas" (ISBN : 9783987420139). Toute personne qui n'a pas de connaissances préalables en "Tinkercad" devrait d'abord étudier ces deux livres. Tu trouveras plus d'informations dans les dernières pages de ce livre. Les bases de l'utilisation de "Tinkercad" ne sont donc pas reprises dans ce livre.

En revanche, si tu as déjà acquis un peu d'expérience dans l'utilisation de "Tinkercad" ou si tu as déjà les livres mentionnés chez toi, tu peux maintenant te réjouir de réaliser d'autres projets géniaux. De cette façon, tu peux continuer à approfondir tes compétences dans la construction de modèles 3D. Comme tu le sais peut-être déjà, je travaille en tant qu'ingénieur (M.Eng.) et j'essaie dans mes livres de t'enseigner les processus techniques et l'utilisation des logiciels de la manière la plus simple et la plus ludique possible.

Dans ce livre, nous allons découvrir quatre autres projets de construction d'objets 3D dans "Tinkercad". Certains d'entre eux sont très complexes, d'autres sont un peu plus faciles à créer. Mais ne t'inquiète pas, nous allons travailler sur ces projets ensemble, étape par étape. Cela t'aidera à utiliser les différentes fonctions de "Tinkercad" avec plus d'assurance et à apprendre une ou deux nouvelles approches pour la construction de tes propres modèles 3D. Plus tu auras de pratique guidée, plus tu seras à l'aise pour réaliser des projets plus complexes.

Tu sais probablement déjà qu'avec "Tinkercad", en plus de la construction d'objets 3D, tu peux également concevoir des circuits électroniques et apprendre à les programmer. Ce livre, comme le précédent, se concentre exclusivement sur la construction de modèles 3D dans "Tinkercad". Tu peux jeter un coup d'œil au livre "Projets Arduino avec Tinkercad" (ISBN : 9783987420412) si tu t'intéresses aussi à l'électronique et à la programmation. Tu trouveras plus de détails dans les dernières pages de ce livre.

Et maintenant, c'est parti ! Nous commençons tout de suite avec le premier projet. Nous essayons nos compétences sur la construction d'une lampe de table !

Chapitre 2 | Modèle 3D Projet 1 : lampe de table

Notre premier projet commun dans ce cours sera le modèle 3D d'une lampe de table. Ce projet est un bon échauffement, car il est encore un peu moins complexe que les projets suivants. Tu peux copier le projet dans ton propre compte "Tinkercad" en cliquant sur le lien suivant.

https://tinyurl.com/3795bvjp

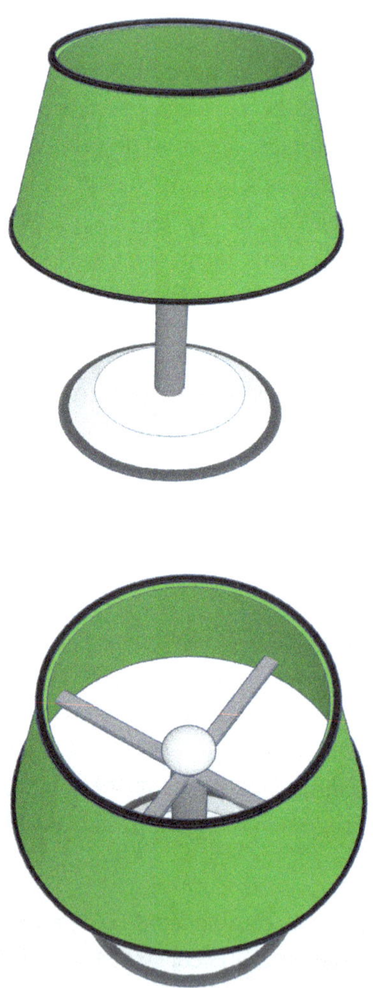

2.1 L'abat-jour

Comme le titre du chapitre l'indique, nous commençons la construction de la lampe de table en créant d'abord l'abat-jour vert. Avant de faire cela, nous créons un nouveau projet pour le modèle 3D dans "Tinkercad". Tu sais certainement déjà le faire toi-même, mais pour ce premier projet, je te montre à nouveau les étapes à suivre.

Après t'être connecté à ton propre compte "Tinkercad" (www.tinkercad.com) et être arrivé sur la page d'accueil ①, pour créer un nouveau projet, clique sur l'onglet "Designs" ② dans la zone de gauche, puis clique sur le bouton "+ Create" ③ dans la zone de droite, et sélectionne ensuite l'option "3D Design" ④.

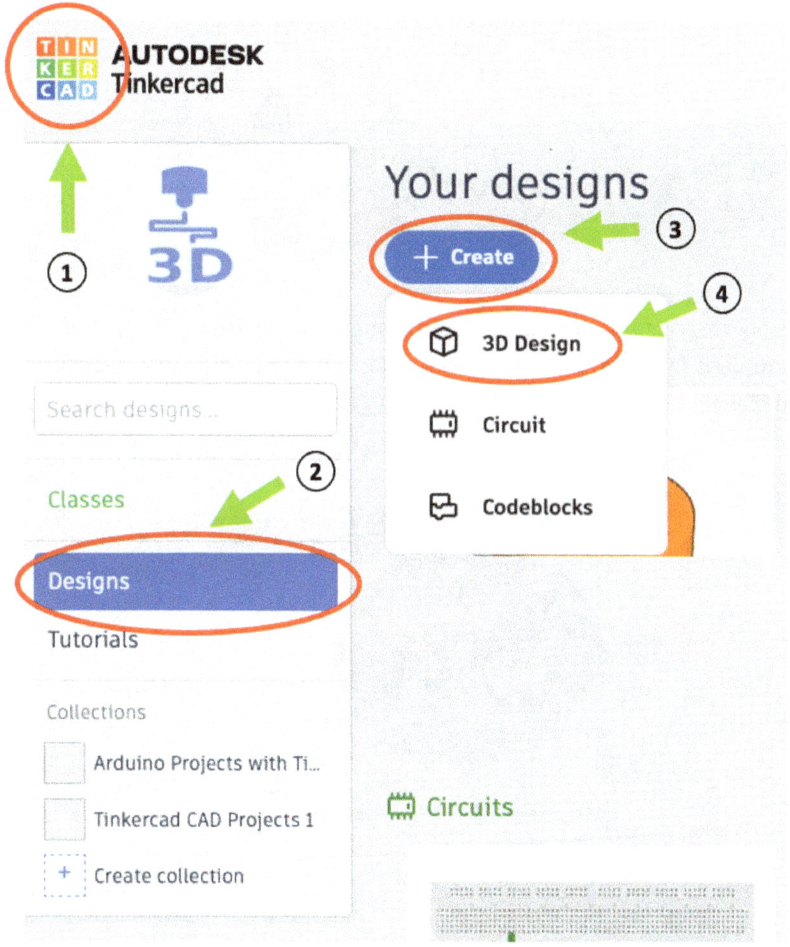

Maintenant, un nouveau projet s'ouvre et nous sommes prêts à commencer. Nous construisons l'abat-jour à partir d'un corps de base conique appelé "Cone". Nous le trouvons dans la collection de formes "Basic Shapes" ① dans la section centrale ②.

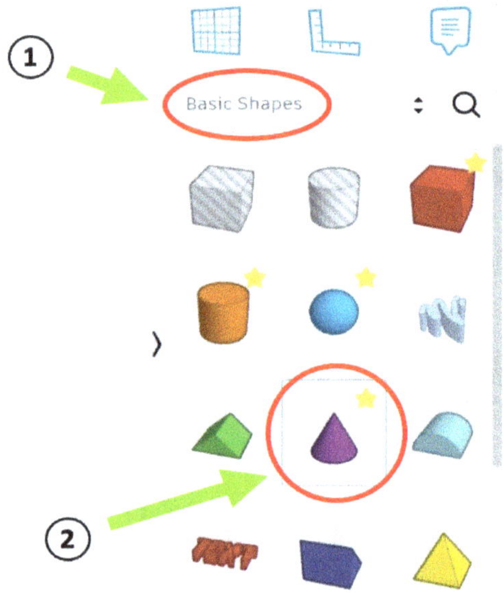

Nous plaçons ce corps par glisser-déposer sur le plan de travail et l'agrandissons de 50 mm dans les deux directions. Pour cela, cliquer sur le corps, sélectionner un point d'angle ① et entrer les dimensions ② et ③.

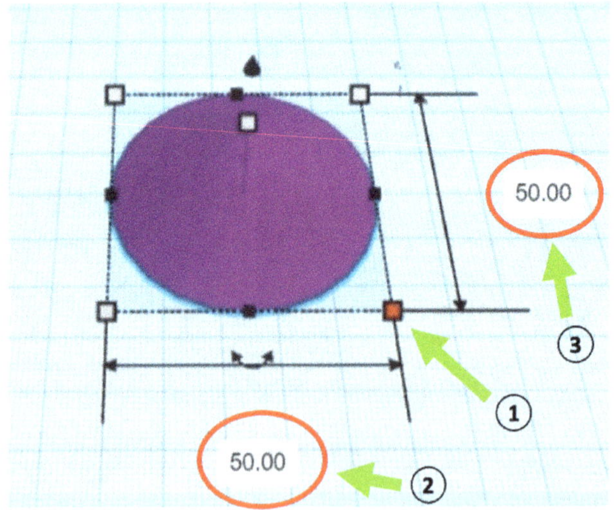

Nous modifions également la hauteur du corps cylindrique à 28 mm. Pour cela, nous cliquons sur le corps, sélectionnons le point de délimitation supérieur ① et inscrivons la mesure ②. En outre, nous modifions le paramètre "Top Radius" ③ à 7 mm et la valeur de "Sides" ④ à 64 pour que le cône prenne la forme de l'abat-jour.

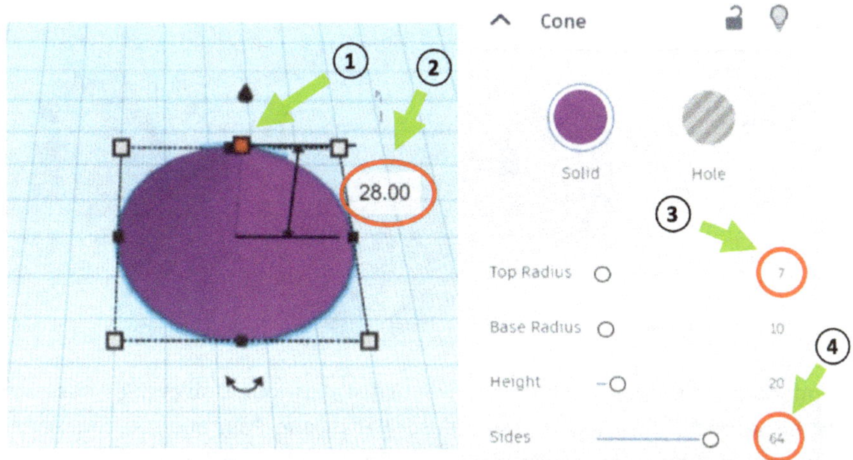

Comme notre abat-jour est composé de deux éléments, nous dupliquons le corps créé avec la commande "Duplicate and repeat" dans la barre de menu en haut à gauche. Pour cela, cliquer sur le corps ① et sélectionner la commande ②. La partie dupliquée est ainsi placée de manière congruente sur l'original, c'est pourquoi nous la déplaçons légèrement vers l'arrière à gauche ③. Nous modifions la longueur et la largeur du duplicata à 48 mm chacune ④.

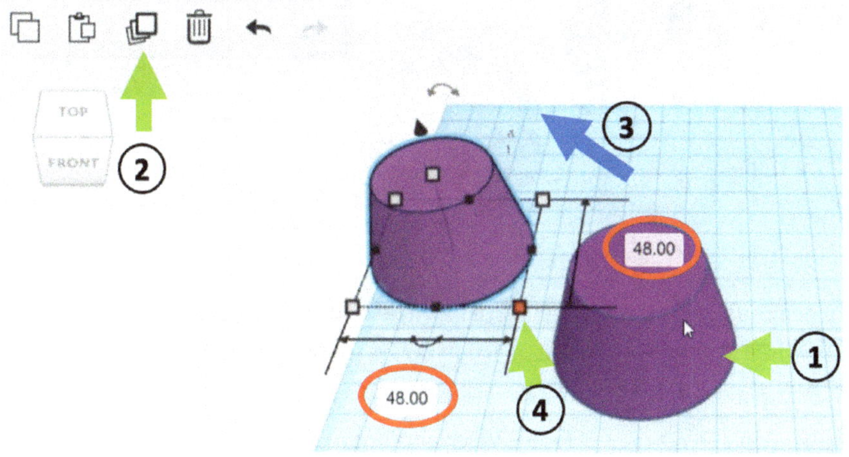

Pour faire aussi un peu de travail préparatoire pour la base de la lampe de table, nous doublons encore une fois la forme initiale (① et ②) et la déplaçons par exemple vers l'arrière à droite. Cela nous évite de recréer l'objet à une étape ultérieure.

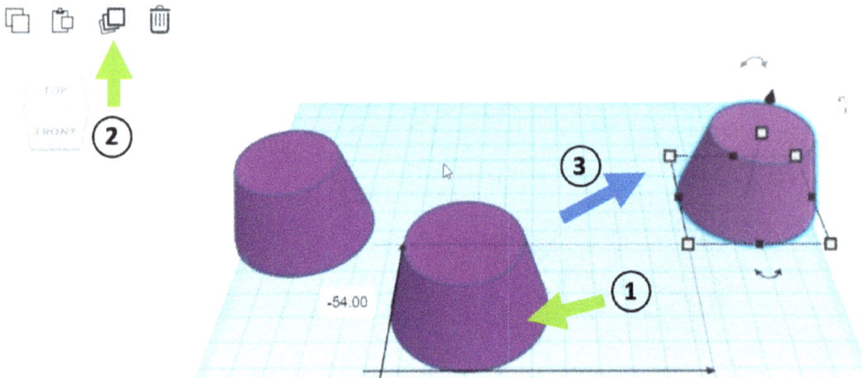

Maintenant, nous nous occupons à nouveau de l'abat-jour. L'objet que nous avons créé en second ① est utilisé pour creuser l'abat-jour. Pour que cela fonctionne, nous devons passer de la sélection "Solid" à la sélection "Hole" ② dans ses paramètres. L'objet doit être sélectionné.

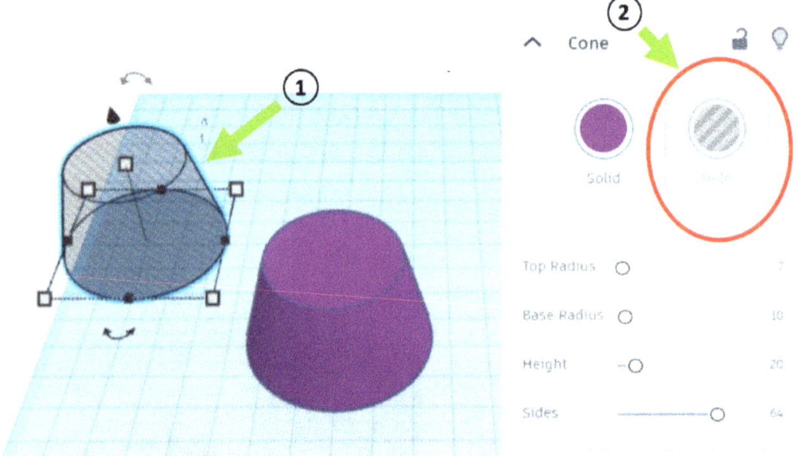

Tu peux aussi réfléchir à la meilleure façon de disposer les deux objets pour obtenir l'abat-jour creusé. Si tu as déjà une idée, tu peux l'essayer tout de suite. La solution se trouve sur la page suivante.

-- Voici la solution : --

Pour la disposition, nous utilisons bien sûr la commande "Align". Pour cela, nous sélectionnons les deux objets avec la souris. Pour une sélection multiple, nous devons maintenir la touche Shift enfoncée ou tracer un rectangle. Ensuite, nous pouvons sélectionner la commande ① et - une fois que les points d'alignement nous sont indiqués - cliquer sur les points centraux respectifs ② et ③.

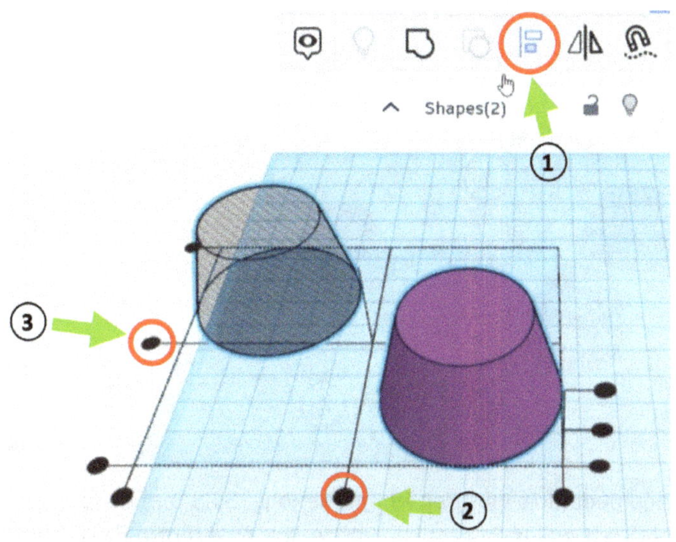

Pour que les deux objets deviennent un groupe, nous utilisons ensuite la commande "Group". Pour cela, les deux objets doivent être sélectionnés.

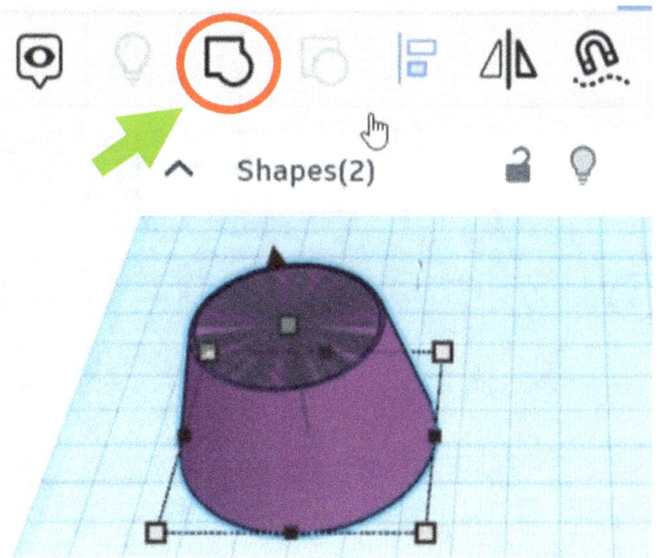

Excellent travail ! Si nous jetons maintenant un coup d'œil à la lampe de table (voir le début du chapitre), nous voyons que notre abat-jour a encore une bordure en haut et en bas. Nous voulons maintenant la créer. La façon la plus simple de le faire est de dupliquer l'abat-jour actuel avec la commande "Duplicate and repeat" (① et ②), puis de découper simplement la partie centrale à l'aide d'un parallélépipède (③ et ④).

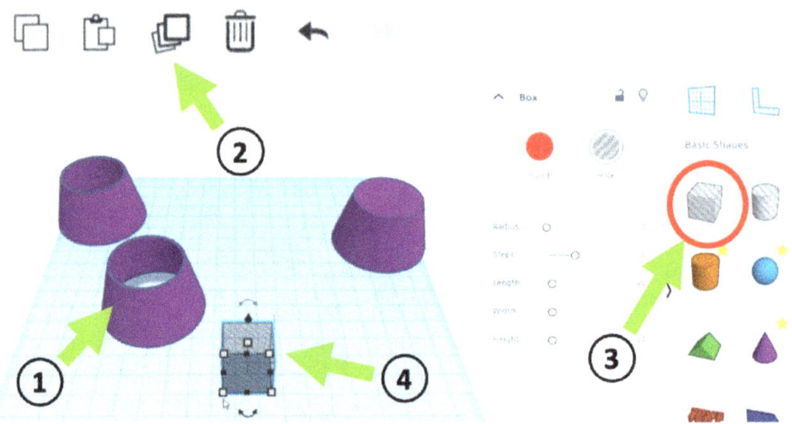

Le parallélépipède doit mesurer 79 mm de long, 54,5 mm de large et 27 mm de haut (① - ③). De plus, le parallélépipède doit être centré dans l'abat-jour, nous y parvenons en utilisant la commande "Align" ④ et en sélectionnant les points d'alignement ⑤-⑦. Pour finir, nous regroupons les deux objets ⑧, de sorte que la découpe soit effectuée.

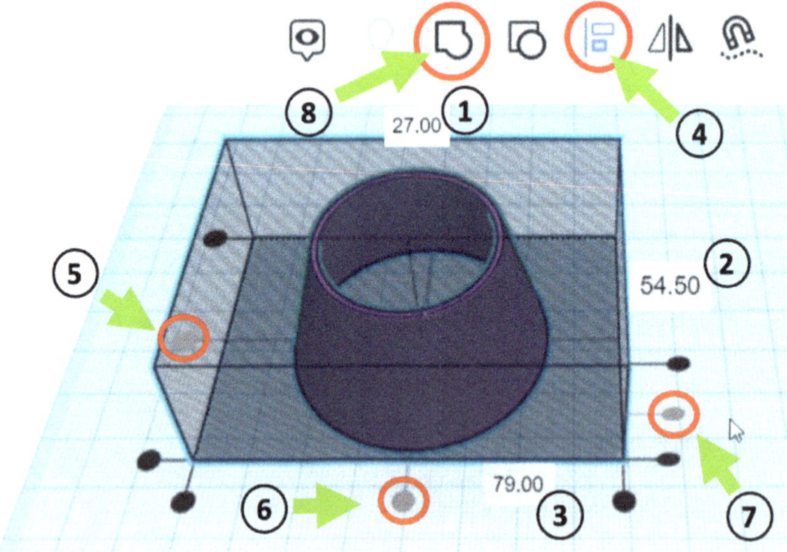

Nous obtenons ainsi cette construction :

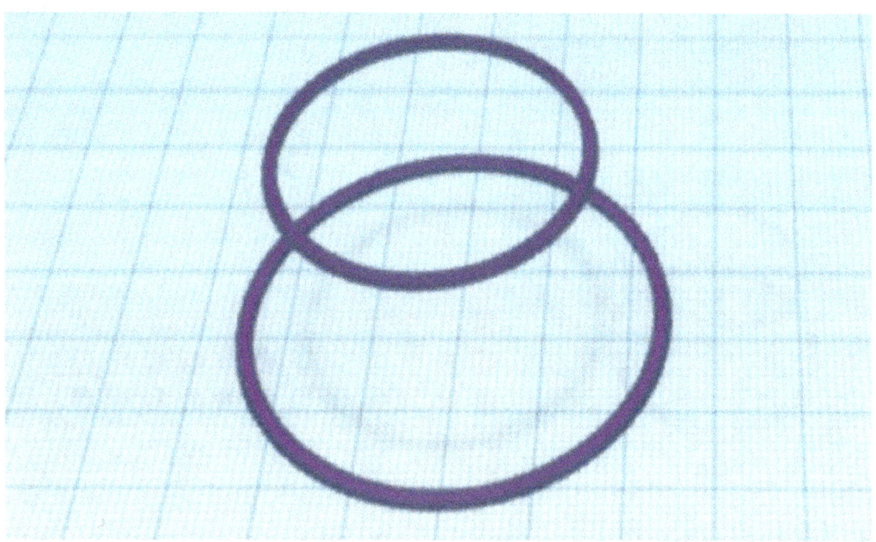

Avant de relier l'abat-jour à la monture supérieure et inférieure, nous changeons encore sa couleur. Nous y parvenons en cliquant sur l'abat-jour ① et en choisissant une couleur dans les paramètres de l'objet (② et ③).

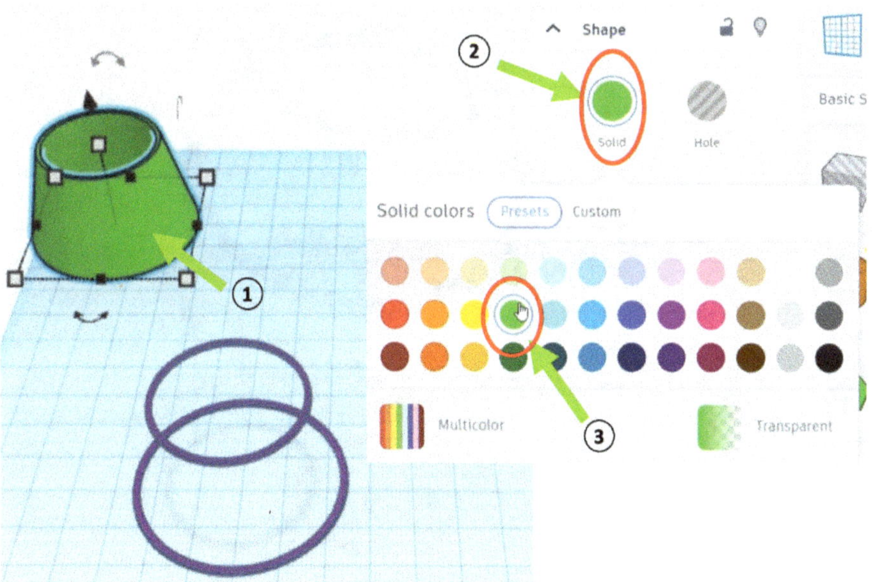

En outre, nous changeons également la couleur de la monture - par exemple en noir (①- ③) - et faisons encore une modification des dimensions, car la monture doit être un peu plus grande que l'abat-jour.

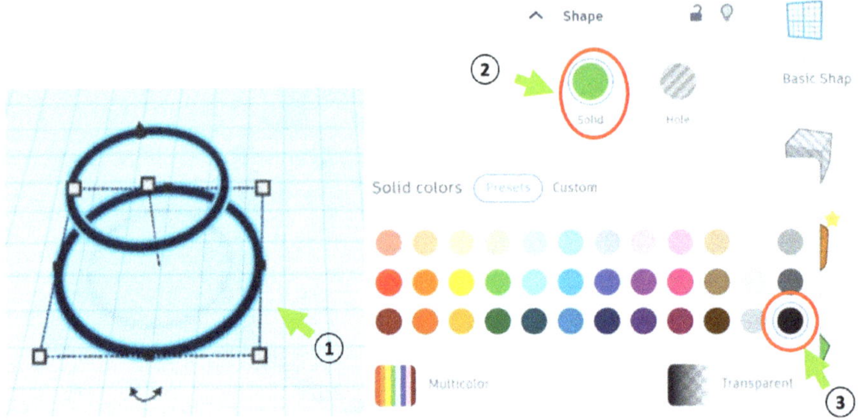

Nous modifions donc la longueur et la largeur à 51 mm chacune et la hauteur à 29 mm.

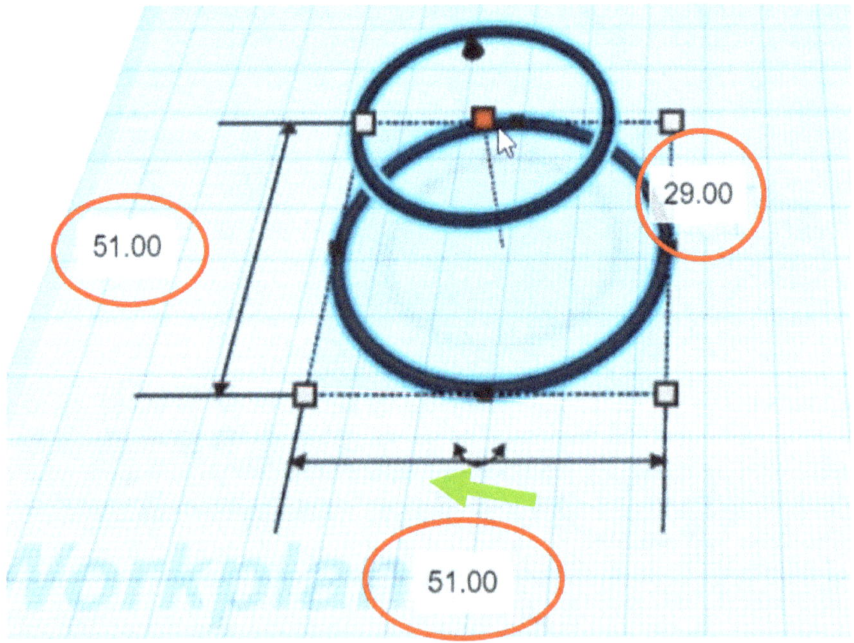

Maintenant, nous pouvons sélectionner ou choisir les deux objets et ensuite les positionner à l'aide de la commande "Align" ①. Pour cela, nous cliquons sur les points d'alignement représentés (② et ③).

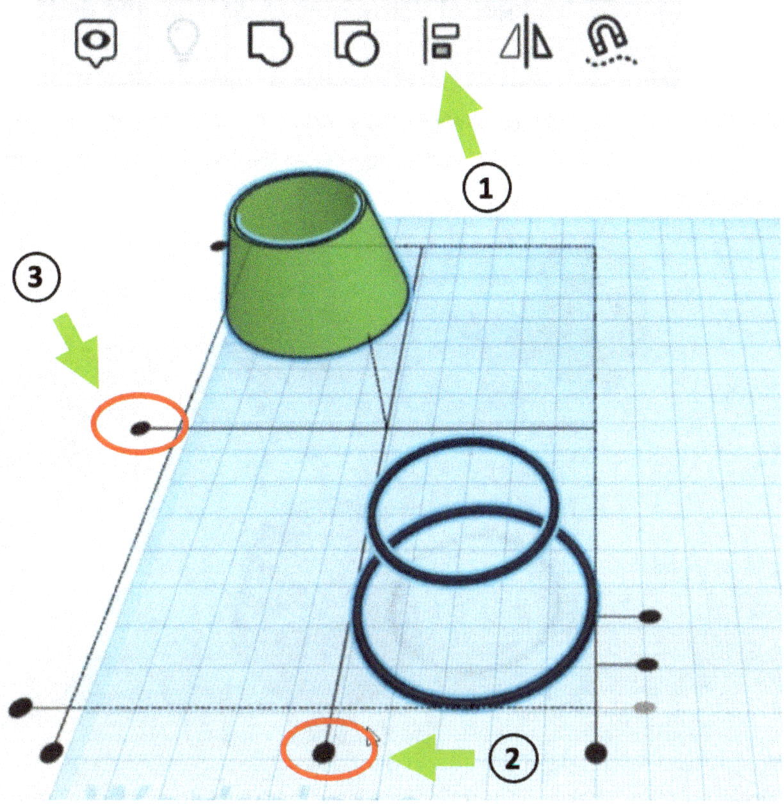

Cela nous fournit l'abat-jour fini. Dans le chapitre suivant, nous nous occupons de la base de la lampe de table.

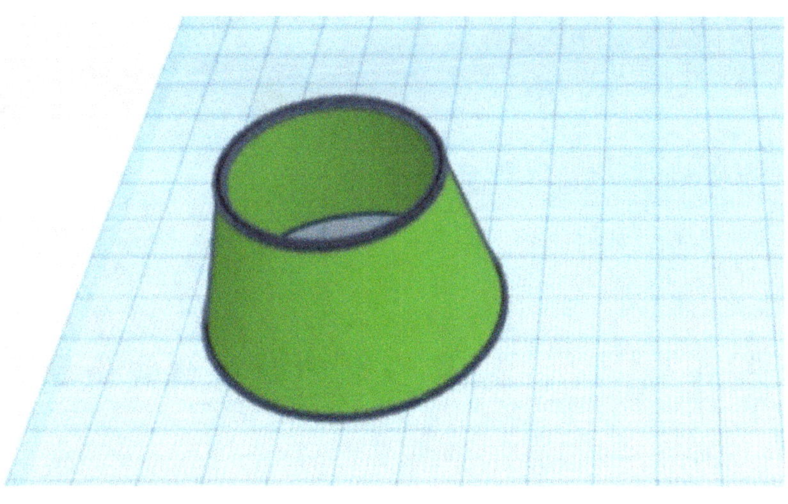

2.2 La base, les tiges et l'assemblage de la lampe de table

Dans ce chapitre, nous voulons créer la base de la lampe de table. Pour cela, nous avons déjà fait un peu de travail préparatoire dans le chapitre précédent en dupliquant le corps de base de l'abat-jour et en le déplaçant sur le côté. Notre point de départ est donc le suivant.

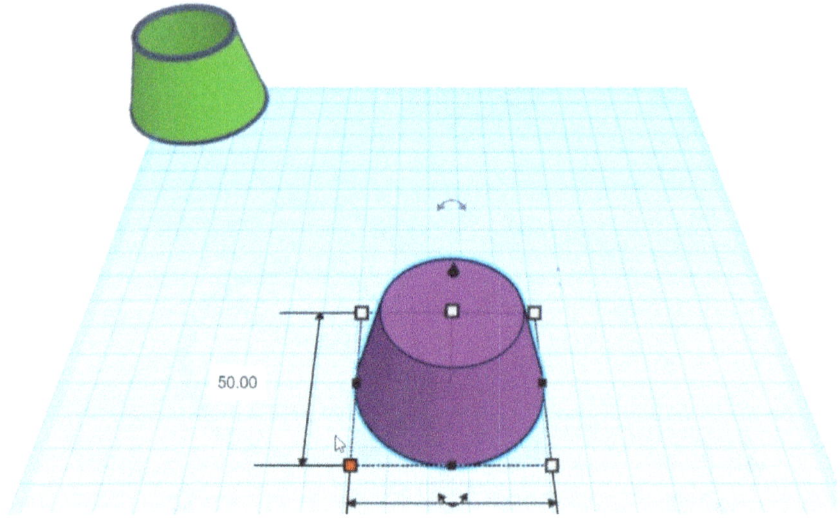

Dans la première étape, nous modifions les dimensions du corps à 38 mm pour la longueur et la largeur et à 4 mm pour la hauteur ①. De plus, nous colorons la base en blanc (② et ③).

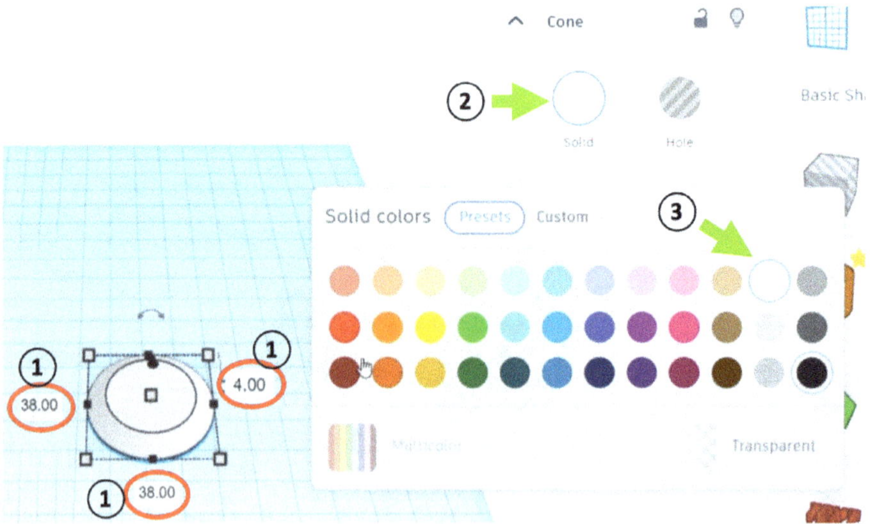

Comme pour l'abat-jour, notre base se compose de deux éléments. C'est pourquoi nous dupliquons le corps créé jusqu'à présent avec la commande "Duplicate and repeat" (① et ②) et le colorons en gris (③ et ④).

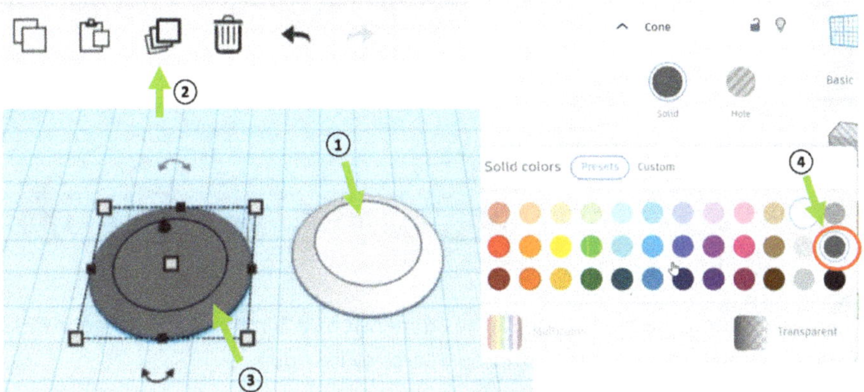

Ensuite, nous pouvons unir les deux corps pour former la base de l'abat-jour. Nous le faisons comme d'habitude avec la commande "Align".

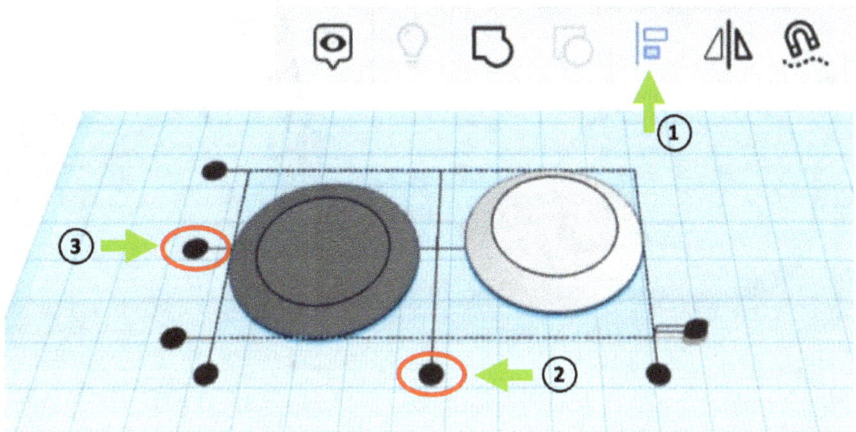

Ensuite, nous créons la tige à laquelle l'abat-jour sera suspendu. Pour cela, nous allons chercher un corps de base cylindrique sur notre plan de travail (① et ②). Pour celui-ci, nous augmentons les valeurs des paramètres "Sides", "Bevel" et "Bevel Segments" ③-⑤ à leur maximum respectif (64, 2.5, 10).

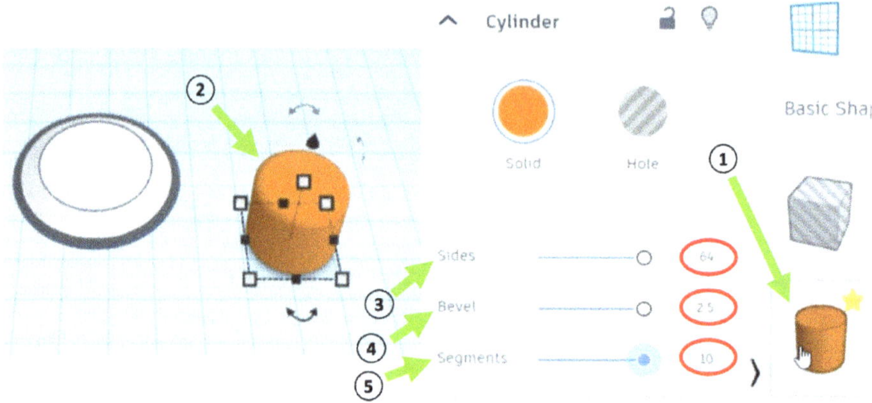

Maintenant, nous pouvons modifier les dimensions à 5 mm pour la largeur et la longueur et à 50 mm pour la hauteur du corps cylindrique.

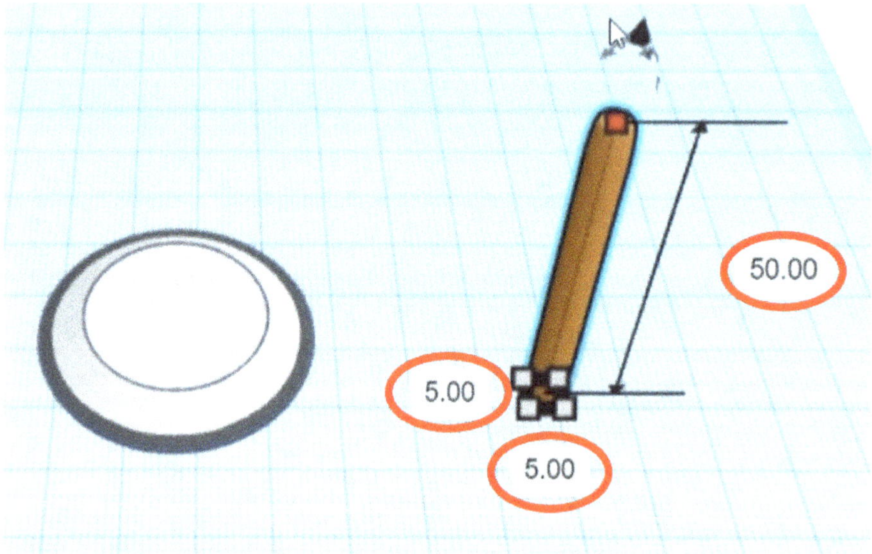

La deuxième partie de la tringlerie sera composée d'une croix, qui sera placée en haut de la barre que tu viens de créer. Pour créer la première barre pour la croix, nous choisissons un cube ① comme forme de base. Nous modifions sa longueur à 45 mm, sa largeur à 2 mm et sa hauteur à 1 mm ②-④.

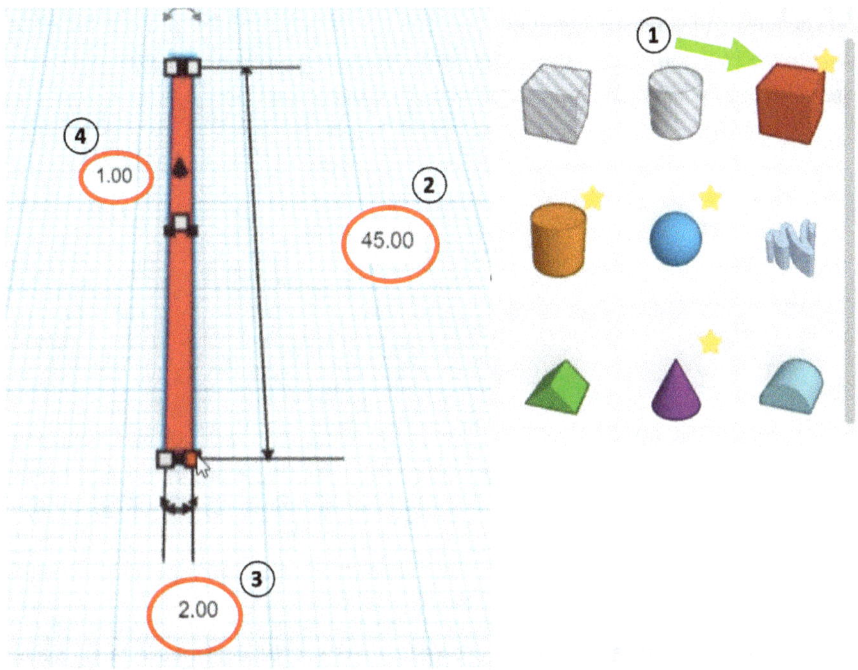

Nous créons la deuxième entretoise en la dupliquant (commande : "Duplicate and repeat") ①- ② et en faisant ensuite pivoter la duplication de 90° ③.

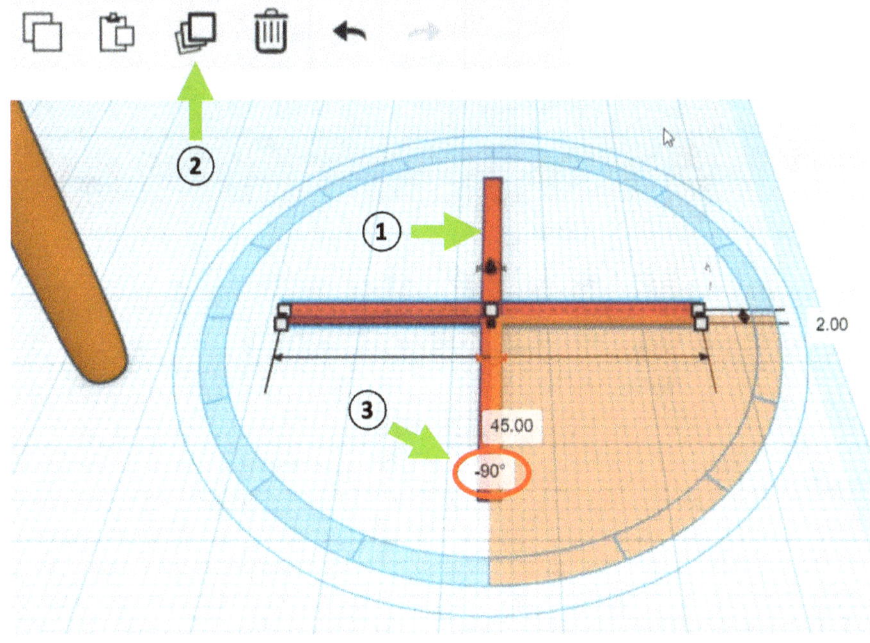

L'étape suivante consiste à changer les couleurs des entretoises et à regrouper les entretoises individuelles en une croix. Pour ces deux actions, les objets ① doivent être sélectionnés. Ensuite, nous pouvons effectuer les actions ②-④.

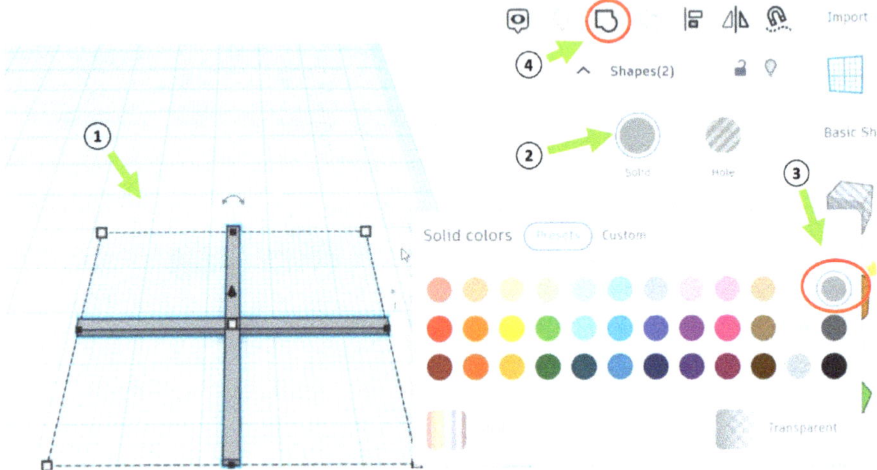

Ensuite, nous pouvons assembler la croix et la barre verticale. Nous le faisons avec la commande "Align" ②-⑤, après avoir sélectionné les objets ①.

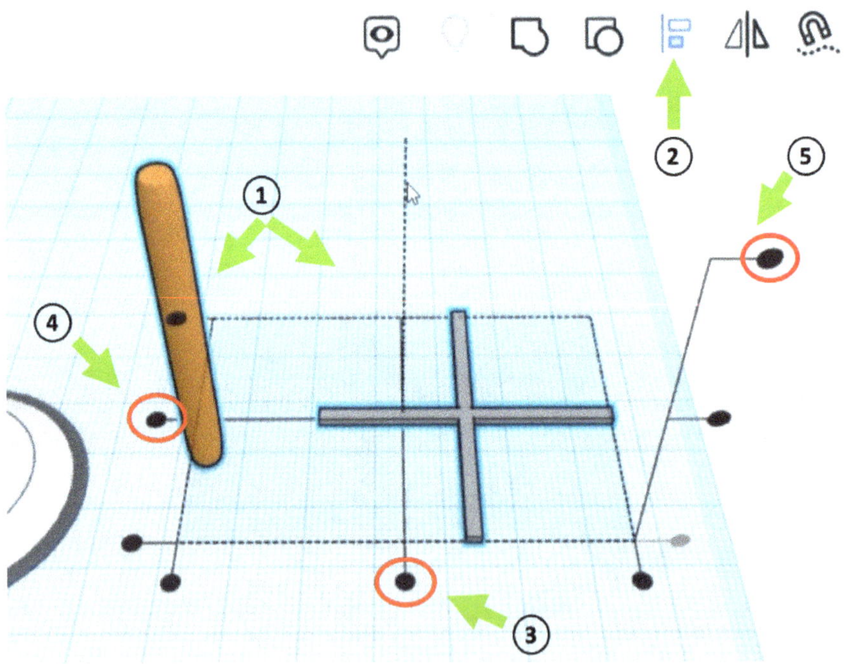

Notre abat-jour doit bien sûr comporter une ampoule. Mais pour ne pas avoir à la construire spécialement, nous cherchons le terme "bulb" ① dans la bibliothèque de formes et nous glissons et déposons l'ampoule ② sur notre plan de travail.

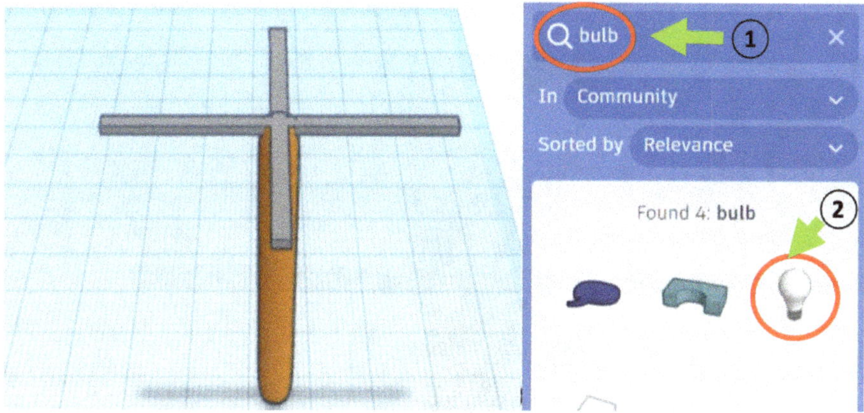

L'ampoule est énorme par rapport à nos autres objets. Nous changeons cela en choisissant 7 mm pour la largeur et la longueur de l'ampoule et 10 mm pour la hauteur. La modification des dimensions fonctionne pour cet objet de la même manière que pour tous les autres objets. Pour que l'ampoule soit ensuite centrée sur la croix de la tringlerie, nous sélectionnons tous les objets et utilisons la commande "Align". Après avoir activé la commande ①, nous cliquons d'abord encore sur la croix ② afin de pouvoir choisir les points d'alignement corrects ③-⑤.

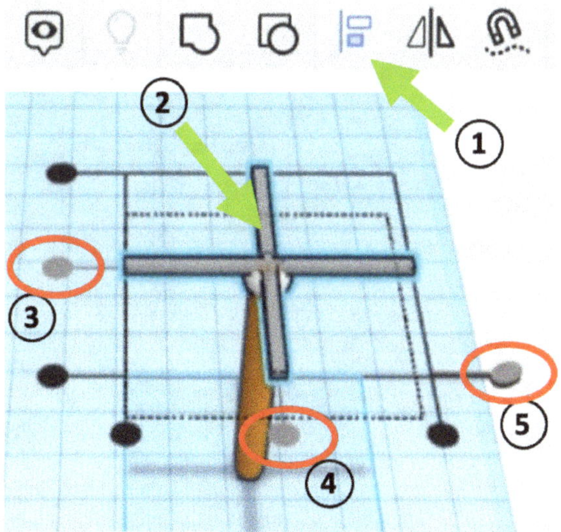

Avant de commencer l'assemblage final de tous les composants, nous devons encore déplacer l'ampoule vers le haut. Pour cela, il suffit de tirer sur la petite flèche de l'objet jusqu'à ce que la douille de l'ampoule soit juste cachée dans les tiges.

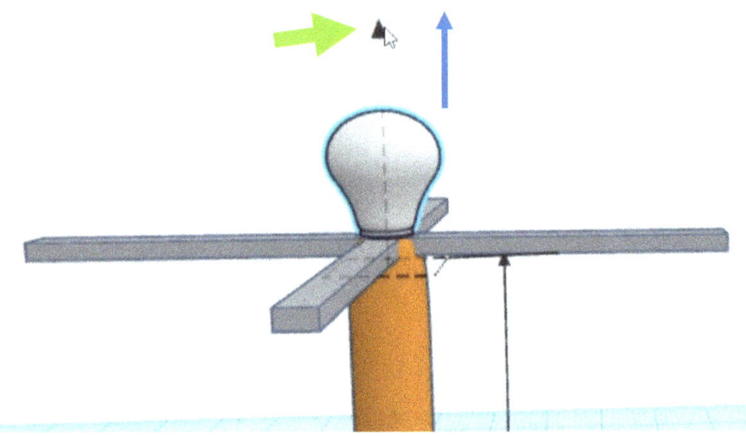

Maintenant, comme nous l'avons dit, nous pouvons commencer l'assemblage et nous sommes presque arrivés à la fin du premier projet. Dans la première étape, nous marquons la base ainsi que la tringlerie, y compris l'ampoule, et utilisons la commande "Align" et les points d'alignement représentés pour obtenir le positionnement correct.

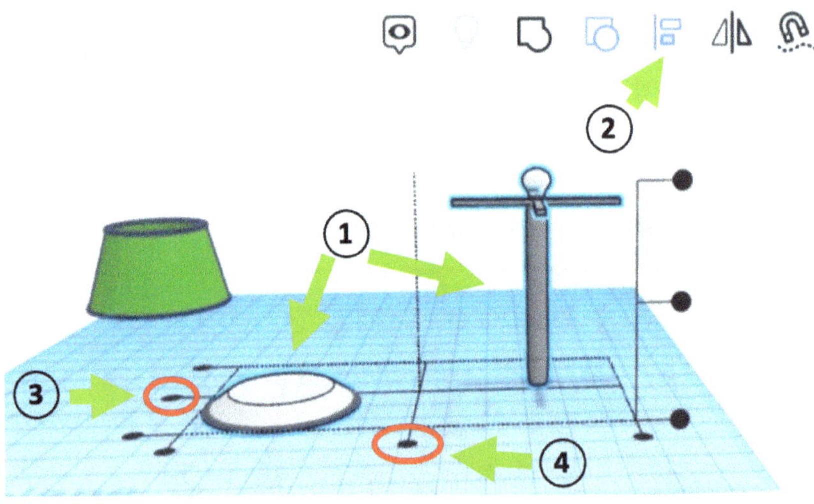

Dans la deuxième étape, nous sortons l'abat-jour du coin et le positionnons de la même manière que le reste des objets. Nous utilisons pour cela les points d'alignement représentés (commande : "Align").

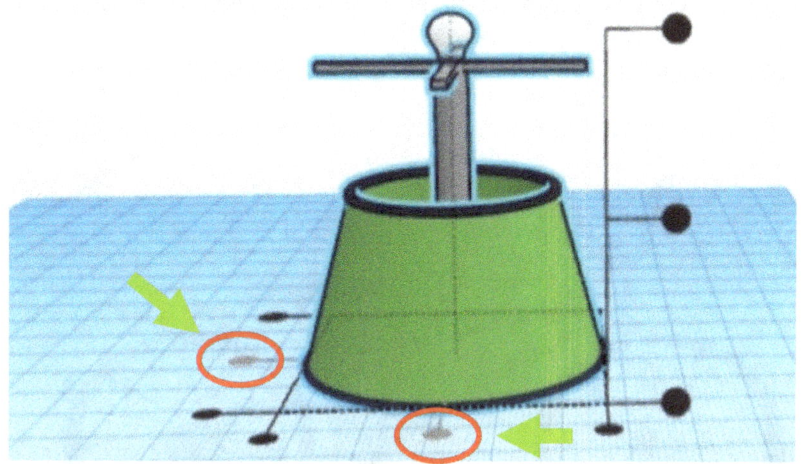

Dans la dernière étape, nous tirons l'abat-jour vers le haut sur la petite flèche de l'objet jusqu'à sa position finale. Nous tirons jusqu'à ce que la tringlerie ne soit juste plus visible. La position est alors parfaite !

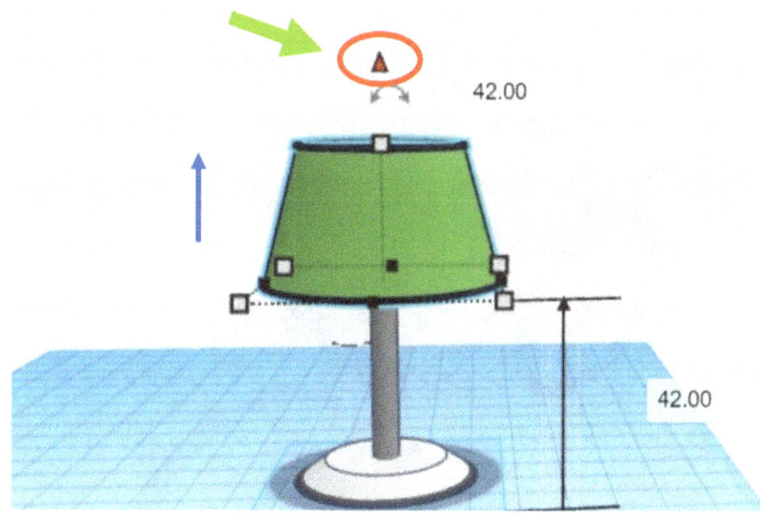

Super bien fait ! Nous avons maintenant terminé le premier projet. Je suis content que tu sois resté jusqu'à la fin. Maintenant, nous allons directement passer au projet suivant, qui est un peu plus compliqué. Mais ne t'inquiète pas, nous y arriverons ensemble !

Chapitre 3 | Modèle 3D Projet 2 : vélo

Notre deuxième projet commun dans ce cours doit être un modèle 3D d'une bicyclette. Le vélo doit ressembler à ceci et tu peux copier le projet dans ton compte en cliquant sur le lien suivant :

https://tinyurl.com/mr28za59

3.1 La roue avant du vélo

Après avoir créé un nouveau projet pour le vélo, nous commencerons dans ce chapitre par la construction de la roue avant. Nous aurons besoin de trois étapes pour la création.

Dans la première étape, nous créons la jante, y compris le pneu, dans la deuxième étape le moyeu et dans la troisième étape les différents rayons. La partie extérieure de la jante et le pneu sont constitués d'un seul corps dans notre modèle simplifié. Pour cela, nous choisissons dans la collection de moules "Basic Shapes" ① le corps cylindrique "Tube" ②.

Nous plaçons ce corps par glisser-déposer sur le plan de travail et l'agrandissons dans les deux directions jusqu'à 36,24 mm dans chaque cas. Pour ce faire, clique sur le corps, sélectionne un point d'angle et entre les dimensions.

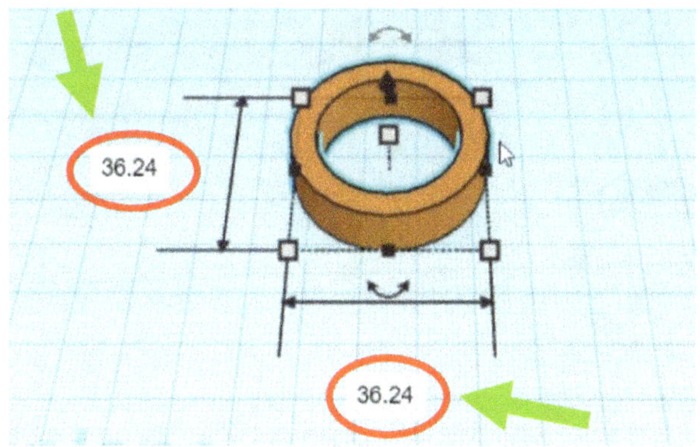

Nous changeons aussi la hauteur du corps cylindrique de 10 mm à 1,81 mm.

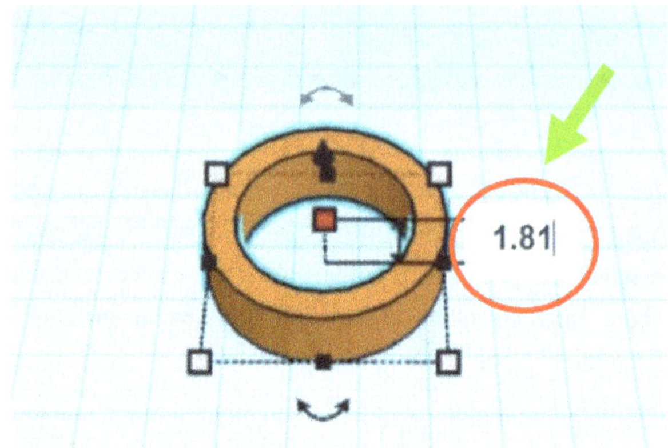

Dans les paramètres de l'objet 3D, nous réduisons l'épaisseur de la paroi à 1 mm ① et augmentons les valeurs des paramètres "Sides", "Bevel" et "Bevel Segments" ② à leur maximum respectif (64, 5, 10). En outre, nous changeons la couleur en noir ③.

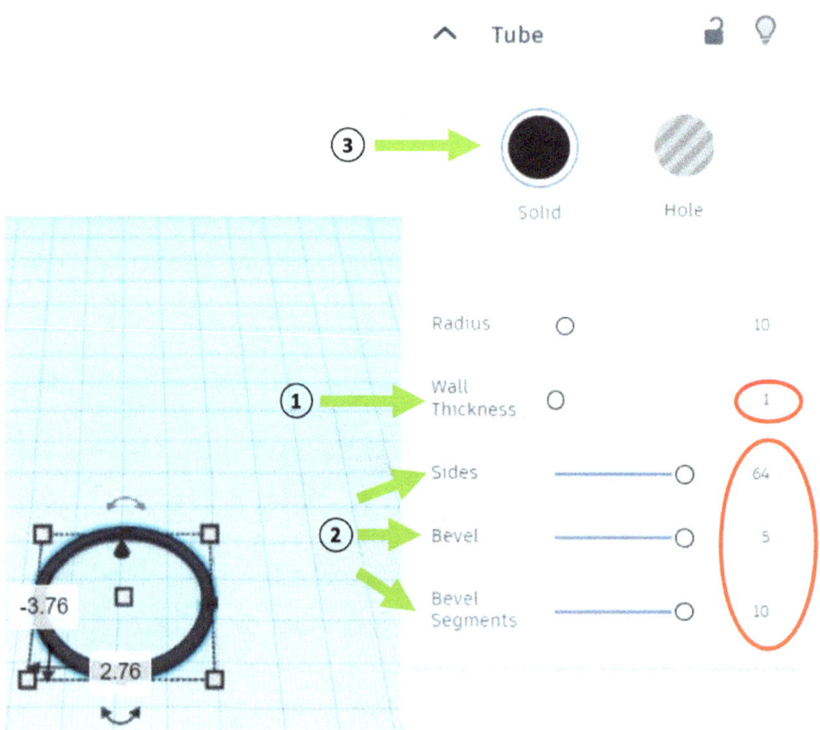

Nous passons maintenant à la construction du moyeu de roue. Pour cela, nous plaçons un corps cylindrique ① sur n'importe quelle zone du plan de travail et modifions ses dimensions en cliquant sur ses coins. Pour chacun des côtés, nous avons besoin de 5,38 mm ②, pour la hauteur, nous avons besoin de 2 mm ③.

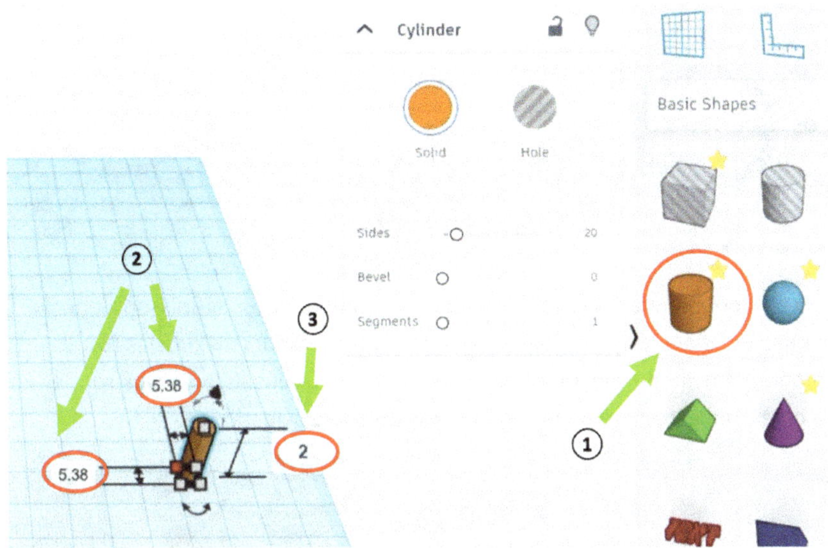

Ensuite, nous alignons les deux corps l'un par rapport à l'autre en traçant un rectangle ① en maintenant le bouton gauche de la souris enfoncé, en sélectionnant la commande "Align" ②, ou en appuyant sur la touche "L".

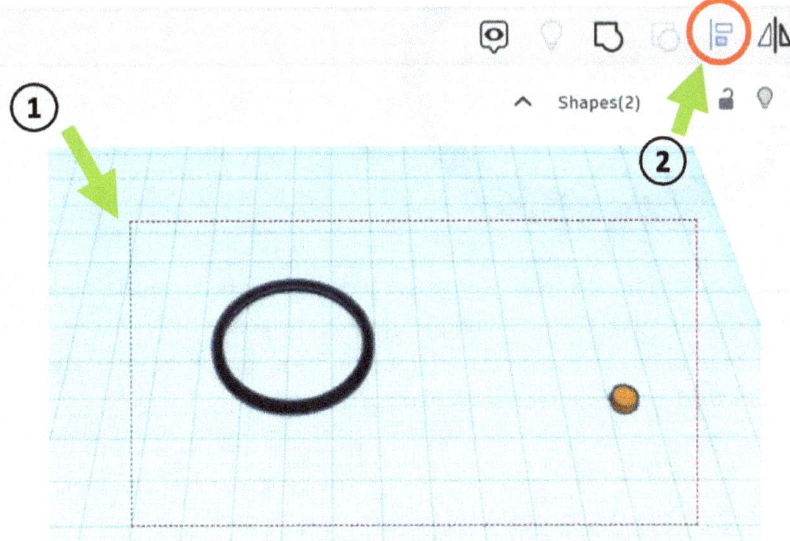

Les deux corps doivent logiquement être placés de manière concentrique l'un par rapport à l'autre, c'est-à-dire que le moyeu de la roue doit être placé exactement au centre de la jante. Nous y parvenons en sélectionnant successivement les deux points représentés ①-②.

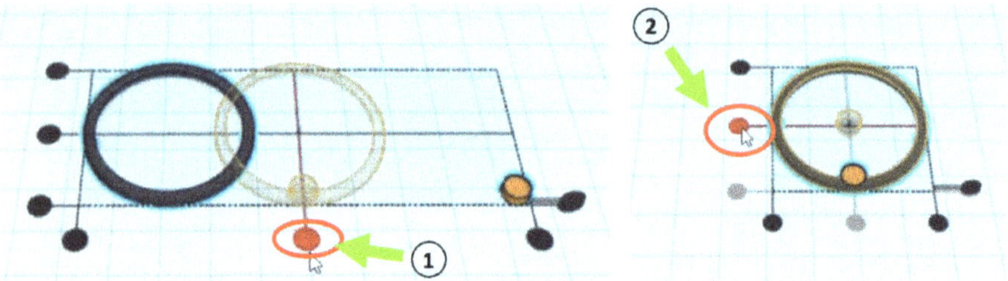

Avant de poursuivre avec les rayons de la jante, nous définissons encore les paramètres "Sides", "Bevel" et "Segments" à leurs valeurs maximales (64, 2.5, 10), afin que la forme du moyeu de la roue soit un peu plus lisse et plus ronde. Pour que ces paramètres apparaissent, le corps doit être sélectionné.

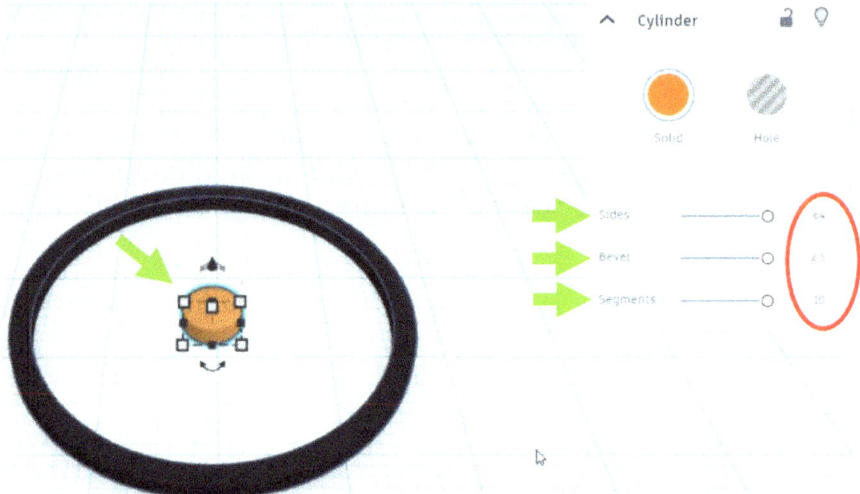

Nous allons maintenant créer le premier rayon de la jante. Pour cela, nous avons à nouveau besoin d'un corps cylindrique que nous plaçons à nouveau sur n'importe quelle zone de la surface de travail. Ensuite, nous modifions sa longueur et sa largeur à 0,20 mm. Nous laissons la hauteur à 20 mm.

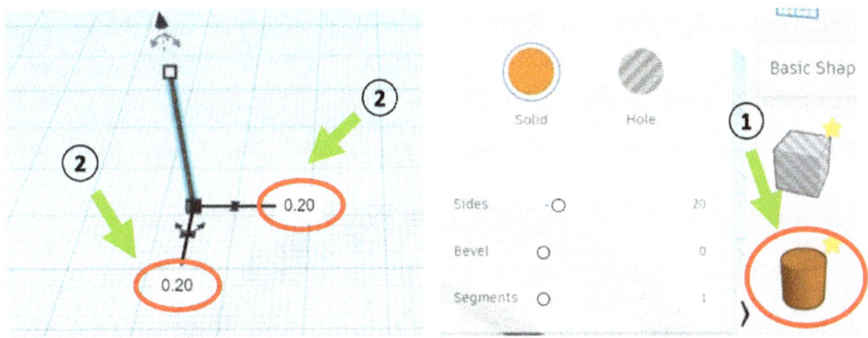

Ensuite, nous faisons pivoter le corps de 90° pour qu'il flotte à l'horizontale.

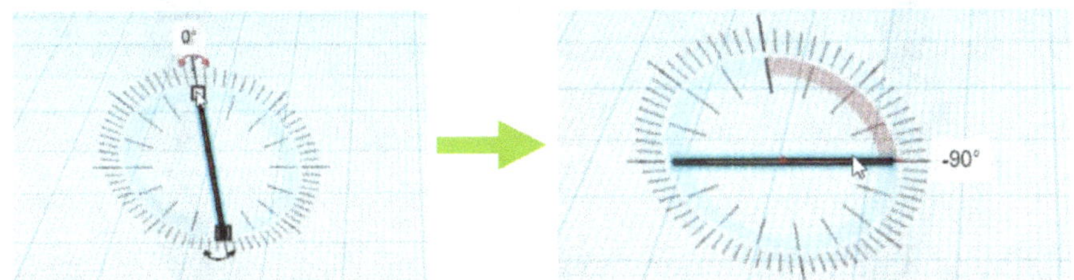

Ensuite, nous déplaçons le corps pour qu'il flotte à peu près au milieu des deux autres corps. Pour la suite du positionnement, nous sélectionnons les trois corps et utilisons à nouveau la commande "Align". Après avoir sélectionné la commande, nous cliquons sur les points d'alignement respectifs dans l'ordre indiqué.

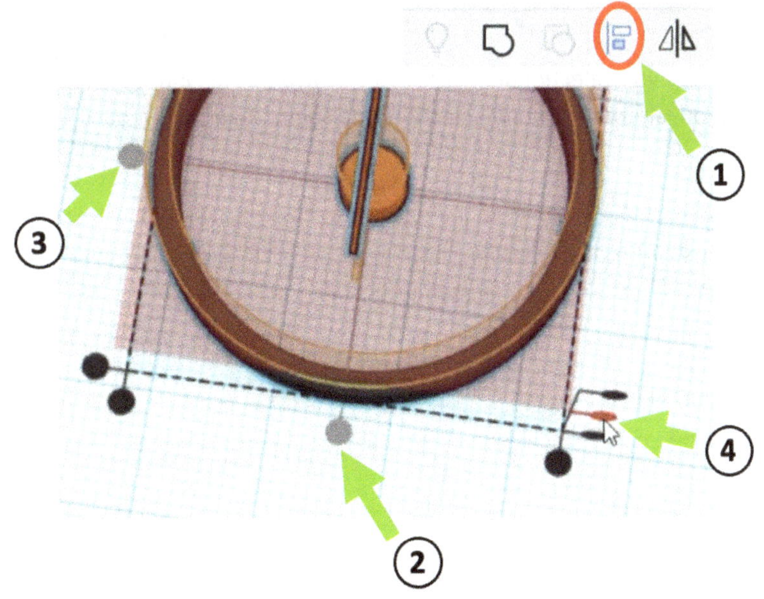

Ensuite, nous déplaçons le rayon de vélo dans la direction de la flèche verte en utilisant les touches fléchées de notre clavier. De plus, nous modifions la longueur de ce premier rayon de vélo à 17 mm.

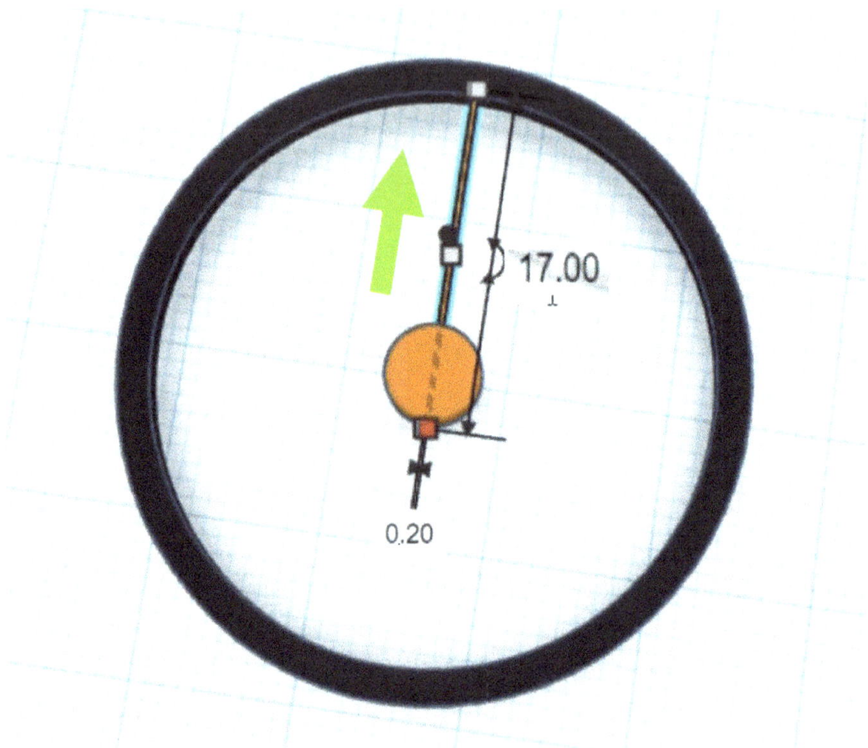

Ensuite, après avoir sélectionné le moyeu et le rayon de la jante ①, appuie sur le bouton "L" ou, alternativement, sélectionne la commande "Align" dans la barre de menu.

C'est ce que nous faisons pour définir dans cette étape la position du rayon de vélo à l'extérieur du moyeu de la roue. Pour cela, nous cliquons d'abord sur le moyeu de la roue ②, puis nous sélectionnons le point représenté ③ pour le positionnement.

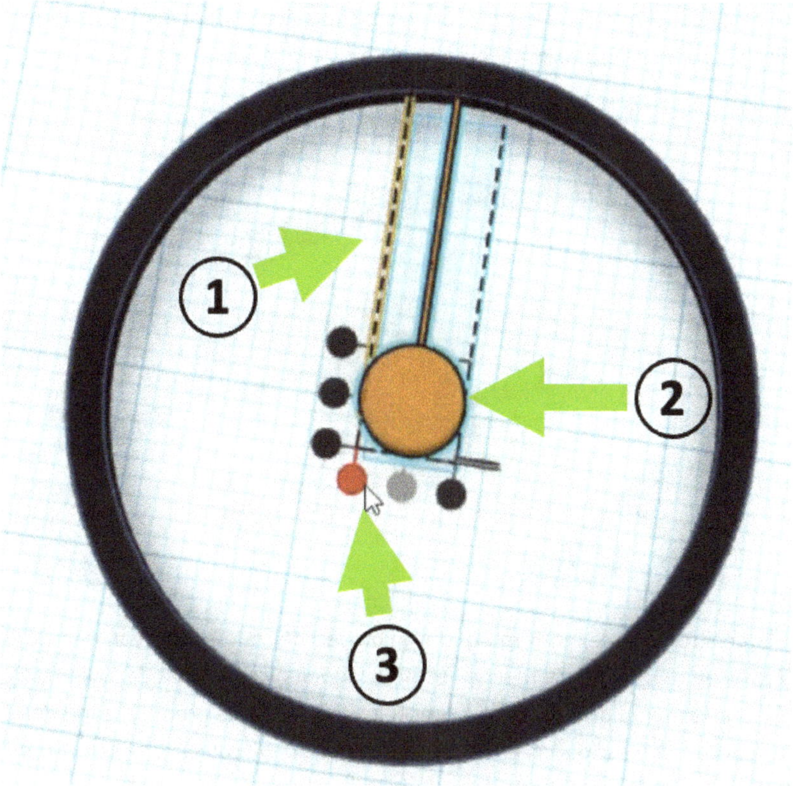

Avant de pouvoir créer un modèle pour tous les autres rayons de vélo, nous avons besoin d'un autre rayon identique, que nous créons après avoir sélectionné le corps en cliquant sur la commande "Duplicate and repeat" dans la barre de menu en haut à gauche.

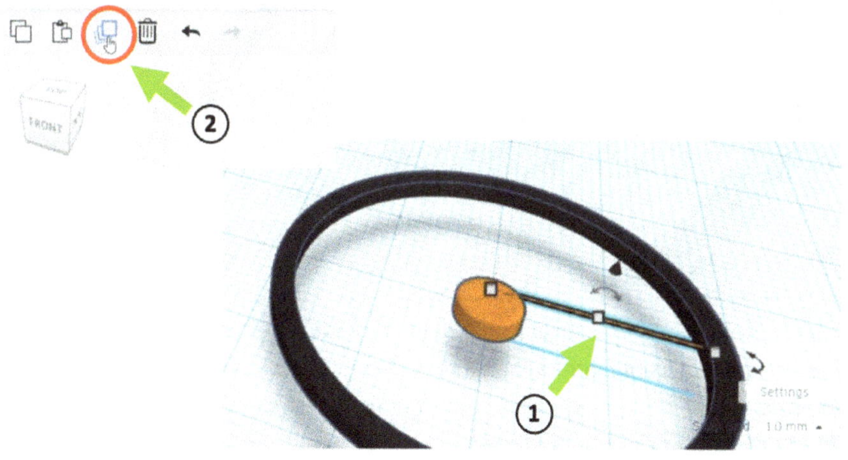

À l'aide des touches fléchées, nous déplaçons ensuite le double dans la direction des flèches rouges, approximativement à la position représentée (flèche verte).

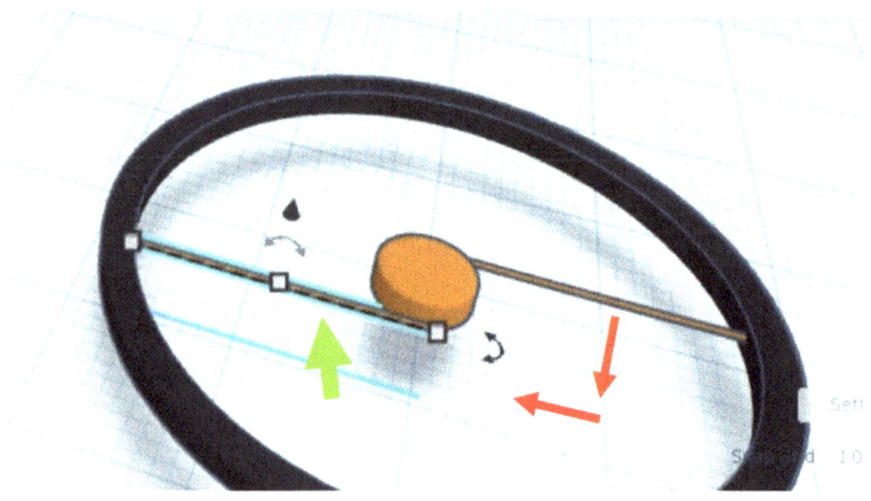

Pour la position exacte, nous marquons le moyeu de roue et le rayon de vélo (① et ②) et appuyons sur la touche "L" pour appeler la commande "Align". Nous utilisons ici la même procédure que précédemment pour le premier rayon de vélo. C'est pourquoi nous cliquons ensuite sur le moyeu de la roue ② et sélectionnons le point de positionnement représenté ③.

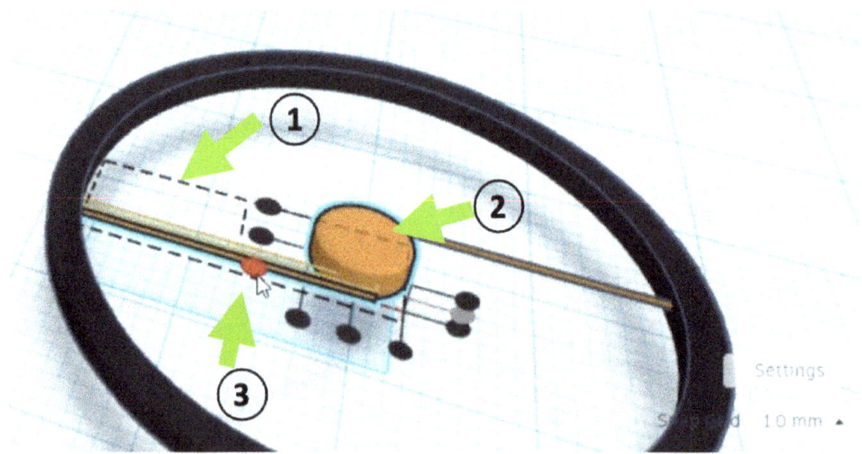

Ensuite, nous déplaçons encore un peu le rayon de vélo vers le pneu ou la jante, de sorte que nous obtenions approximativement le résultat illustré. Vérifie aussi le rayon de vélo opposé, il devrait être positionné de la même manière.

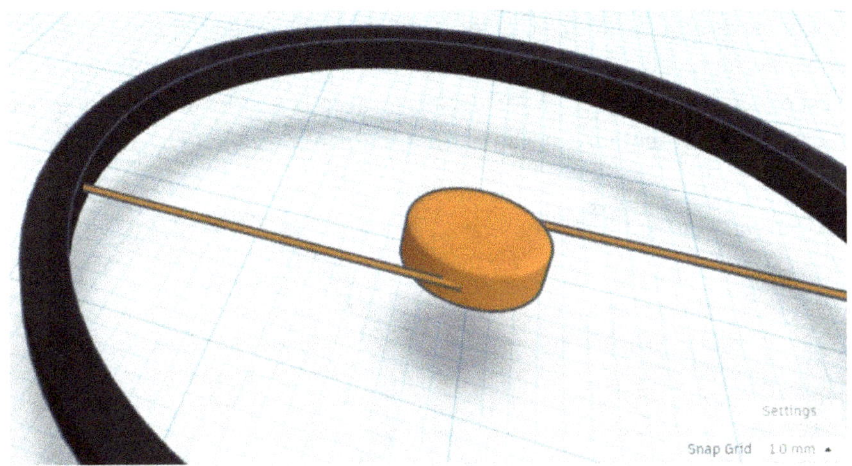

Nous pouvons maintenant créer tous les autres rayons de vélo d'une manière simple et rapide. Arrête-toi un instant et réfléchis à la manière dont nous pourrions le faire.

--- Voici la solution : ---------------------------------------

Nous sélectionnons les deux rayons de vélo en cliquant simplement dessus ① (en maintenant la touche Shift ou Maj enfoncée), puis nous sélectionnons à nouveau la commande "Duplicate and repeat" ②. Pour activer cette commande, nous pourrions alternativement utiliser simplement la combinaison de touches "CTRL+D". On ne voit d'ailleurs pas grand-chose après l'exécution de la commande, car les corps dupliqués sont placés de manière à coïncider avec ceux déjà existants.

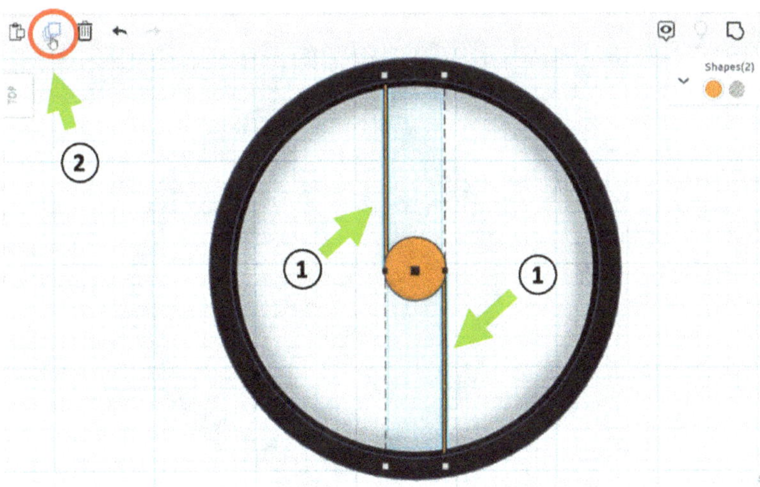

Nous pouvons ensuite faire pivoter les éléments dupliqués en cliquant sur la petite double flèche rouge ① dans la zone inférieure (les corps doivent toujours être sélectionnés pour cela) et en les déplaçant avec la souris, de sorte que nous obtenions la représentation suivante. Nous tournons de 22,5° ②.

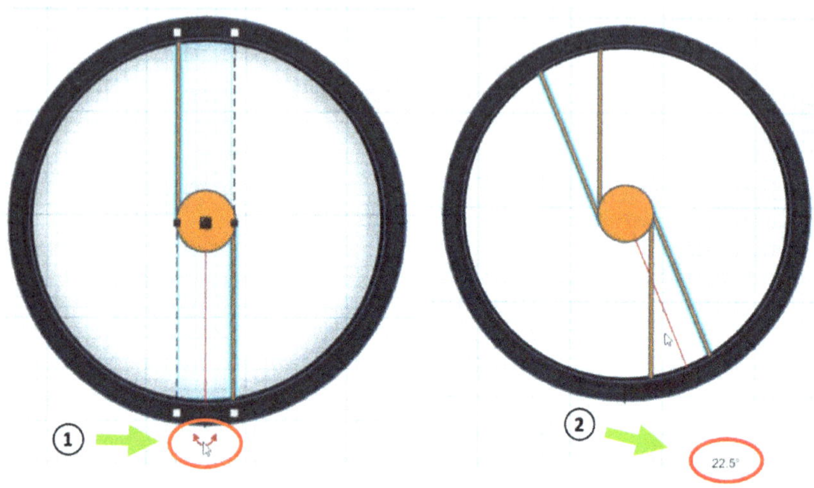

Si nous cliquons immédiatement - sans avoir cliqué sur autre chose auparavant - encore une fois six fois de suite au total sur la commande "Duplicate and repeat", les autres rayons de vélo seront automatiquement placés correctement alignés. C'est presque magique !

Ensuite, nous souhaitons ajouter à notre moyeu de roue un logement pour la fourche avant. Nous faisons cela en cliquant sur le moyeu, ① et en sélectionnant la commande "Duplicate and repeat" ②. Nous cliquons ensuite encore sur un point d'angle du corps dupliqué et inscrivons chaque fois 3,62 mm comme dimension ③.

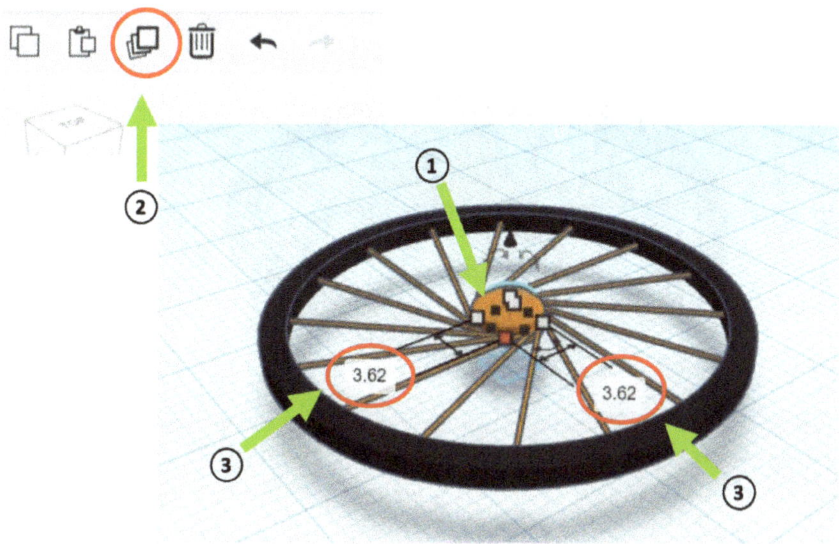

De plus, nous changeons la hauteur du corps dupliqué à 7,25 mm.

Pour que le corps créé soit centré dans le plan de la roue avant, nous sélectionnons tous les corps créés jusqu'à présent et utilisons la commande "Align" ①. Nous cliquons sur le point d'alignement représenté ②.

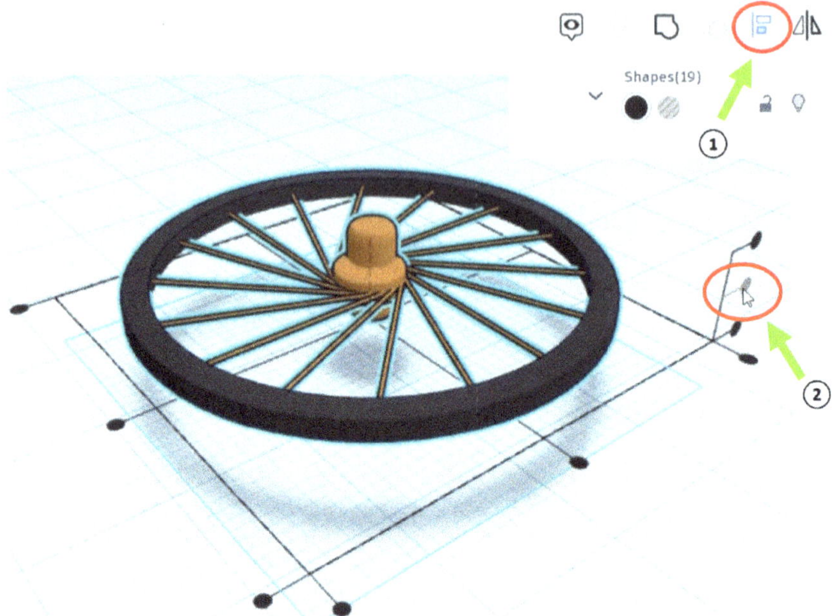

Ensuite, nous devons également aligner l'objet dupliqué au centre du moyeu de roue lui-même. Nous faisons cela en sélectionnant les deux corps orange, en appuyant sur le bouton "L" (ou ①), puis en cliquant successivement sur les points d'alignement représentés (② et ③). Pour une meilleure visualisation, tous les autres corps sont ici masqués (en cliquant sur l'icône en forme d'ampoule).

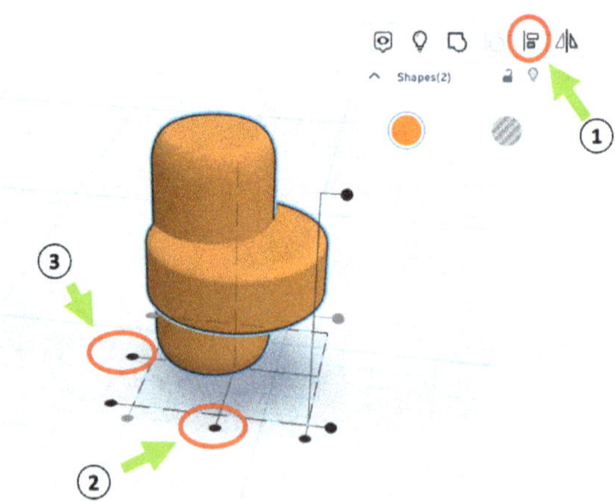

Pour terminer ce chapitre, nous faisons encore quelques réglages de couleur, puis nous regroupons tous les objets. Pour cela, j'ai d'abord affiché à nouveau tous les corps ① (aucun objet ne doit être sélectionné), puis j'ai masqué à nouveau uniquement le pneu (② et ③) afin de pouvoir marquer plus facilement tous les rayons de roue avec le moyeu.

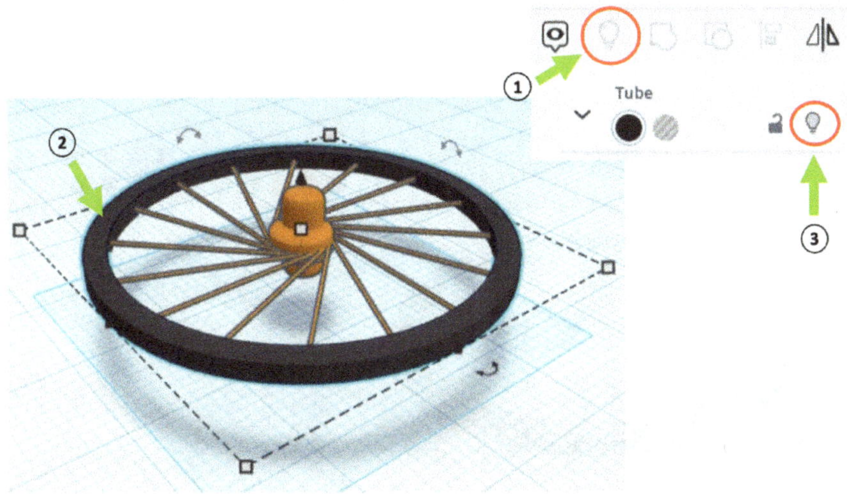

Ainsi, seuls les rayons de roue et le moyeu de roue restent visibles. Nous sélectionnons tous les objets et choisissons une couleur grise dans les paramètres.

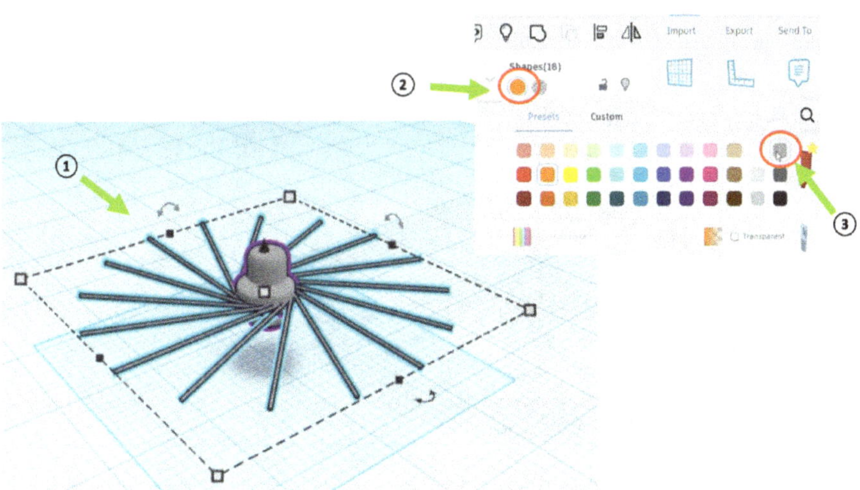

N'hésite pas à choisir quelque chose de plus coloré ou, par exemple, à colorer le moyeu de la roue en noir, comme je l'ai fait à l'étape suivante (① et ②). Ensuite, clique brièvement sur le plan de travail pour terminer la sélection des objets. Ensuite, j'ai fait réapparaître le pneu en cliquant sur la commande "Show all" ③. Pour cette commande, tu peux aussi appuyer sur la combinaison de touches "CTRL+MAJ+H".

Maintenant, pour réunir tous les corps créés jusqu'à présent en une roue avant, nous sélectionnons tous les objets ① et choisissons la commande "Group" ②. Tu pourrais aussi utiliser la combinaison de touches "CTRL+G" pour cela.

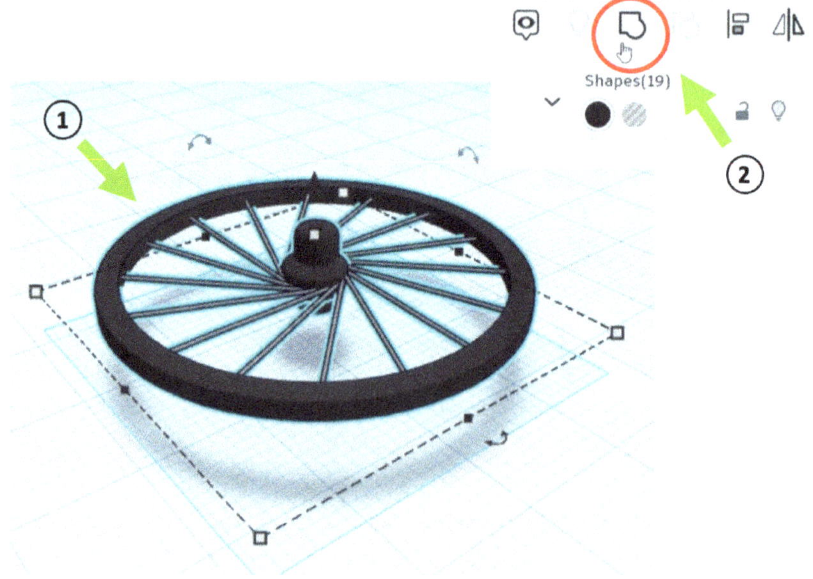

Tu remarqueras peut-être que tous les objets sont affichés en une seule couleur. Pour que les couleurs soient à nouveau affichées séparément comme tu le souhaites, nous devons activer l'option "Multicolor" dans les paramètres de couleur. L'objet groupé doit être sélectionné.

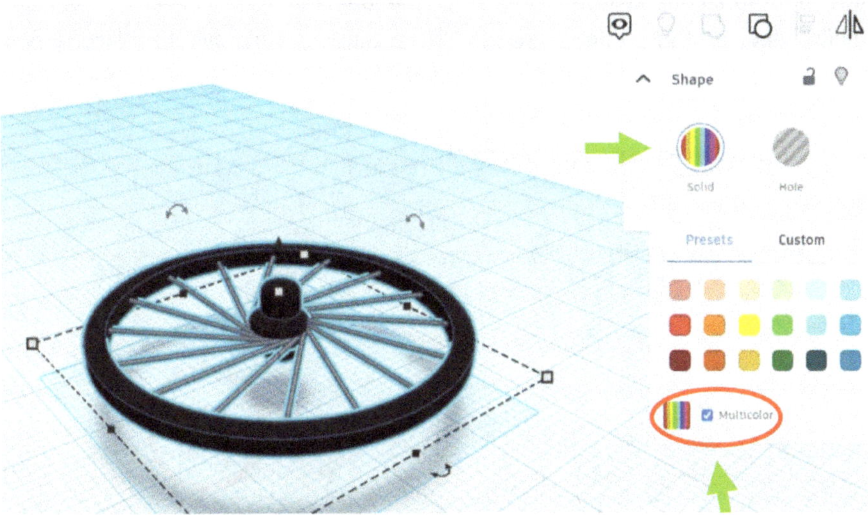

3.2 La fourche avant du vélo

Dans ce chapitre, nous nous intéressons à la fourche avant du vélo. Pour la création de la fourche de roue, nous utilisons comme géométrie de départ un tube courbé que nous pouvons trouver avec le terme de recherche "pipe" ① dans la bibliothèque de formes de "Tinkercad". Nous cliquons auparavant sur l'icône avec la loupe pour accéder à la saisie de recherche.

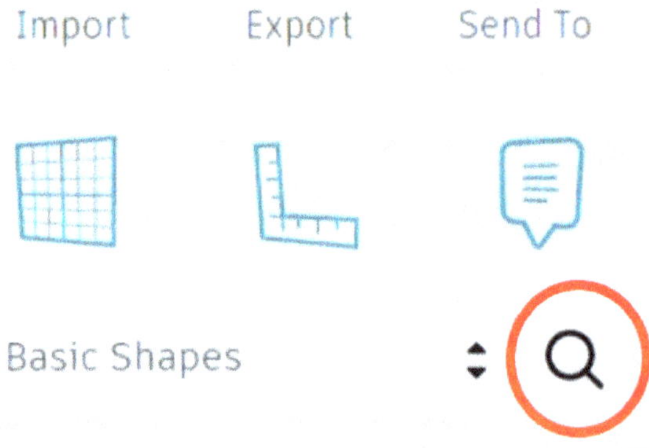

Dans les résultats de la recherche, sélectionne l'objet qui ressemble un peu à une nouille violette de Maccaroni ② et place-le sur ton plan de travail par glisser-déposer.

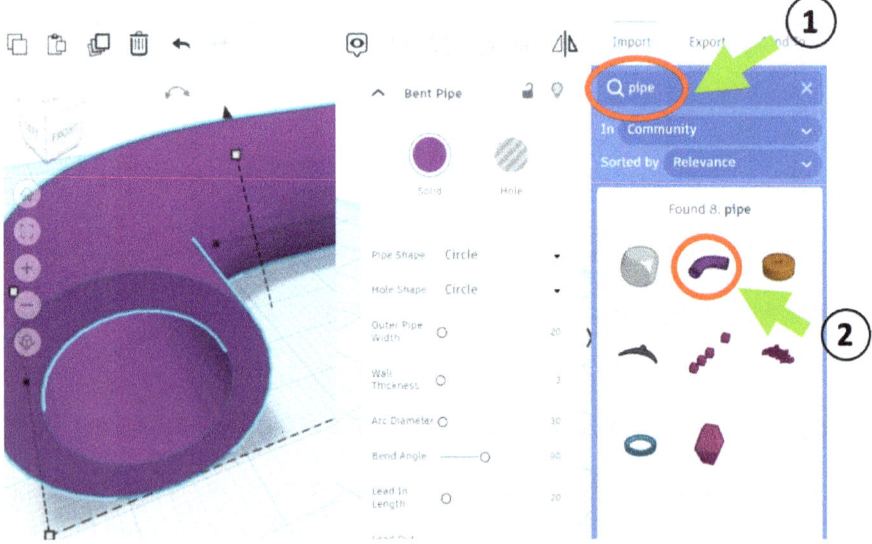

Pour que le tube courbé prenne la forme de notre fourche avant, nous modifions les valeurs prédéfinies comme suit (entourées en rouge ; de haut en bas : 2, 99, 10, 180, 50, 50).

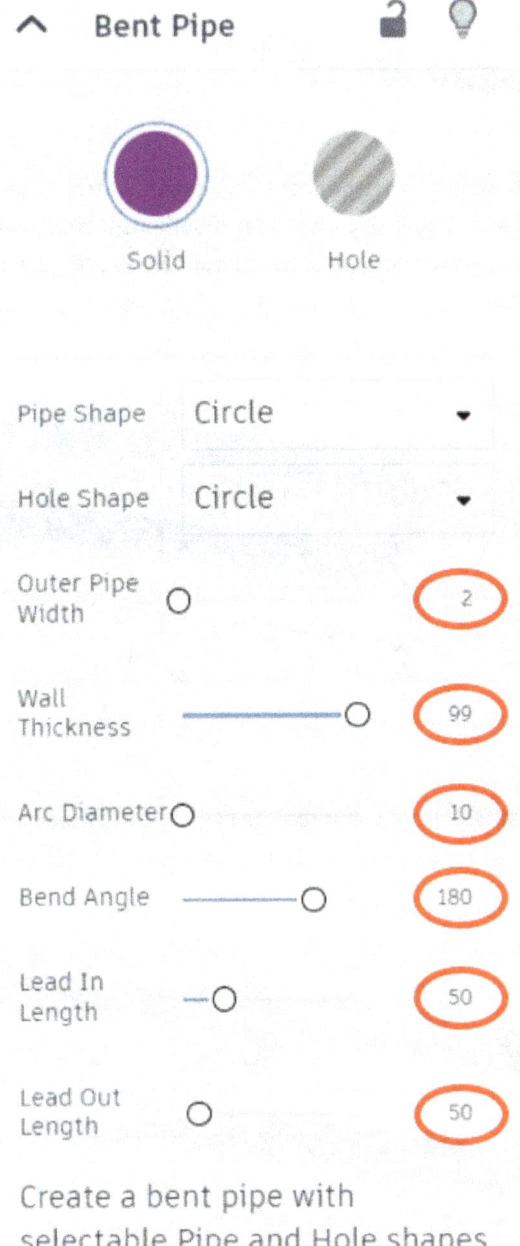

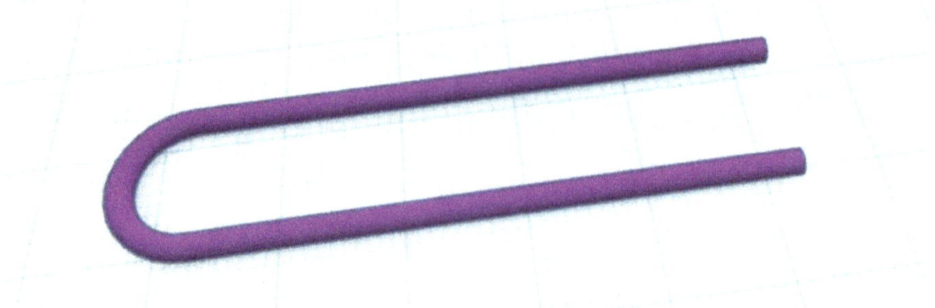

Maintenant, la fourche avant est encore trop longue et trop large pour notre vélo. C'est pourquoi, dans l'étape suivante, nous modifions la mesure de largeur à 7,25 mm et la mesure de longueur à 27,18 mm. Pour cela, j'ai cliqué auparavant sur l'un des points d'angle.

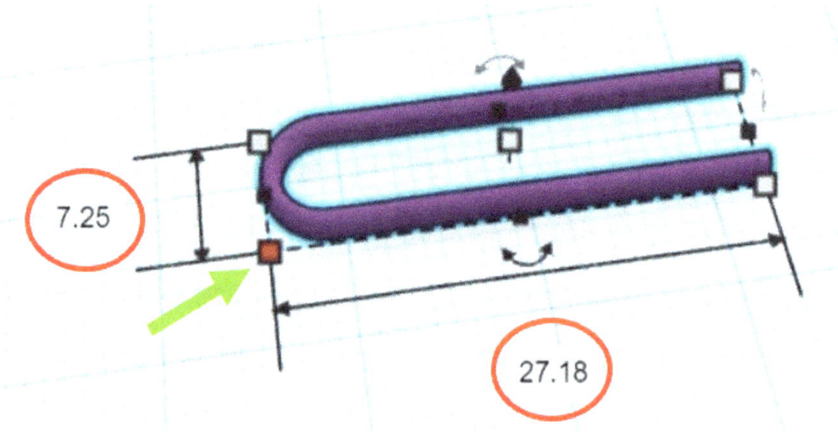

Nous modifions aussi encore la hauteur de la géométrie à 1,81 mm.

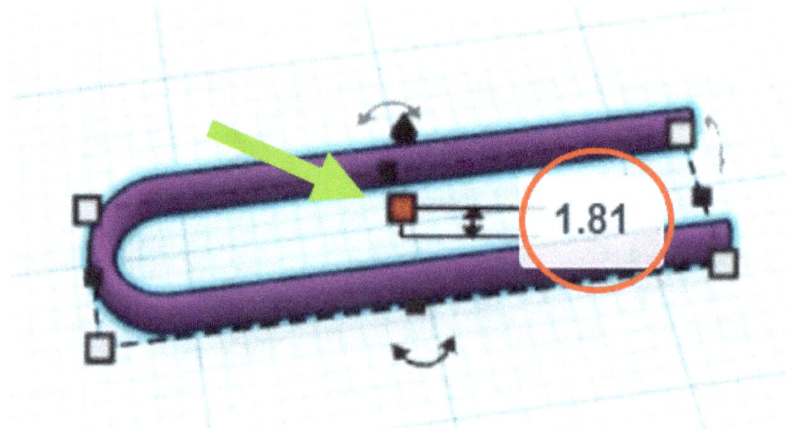

Cela a été assez rapide, maintenant nous pouvons déjà nous occuper de l'assemblage avec la roue. Nous le ferons dans le prochain chapitre.

3.3 Finir la roue avant et la roue arrière du vélo

Au début du projet, nous avons appelé l'objet créé la roue avant. Nous pouvons bien sûr utiliser cette roue avant comme roue arrière, il suffit de créer une copie. Pour ne pas rendre la construction plus complexe que nécessaire, il en va de même pour la fourche de la roue arrière, que nous allons créer à partir de deux fourches de la roue avant. Dans les étapes suivantes, nous créons d'abord la roue arrière avec la fourche arrière. Pour ce faire, nous procédons de la manière suivante.

Dans la première étape, nous relions la fourche de la roue au moyeu de la roue. Pour cela, nous faisons pivoter la roue avant de 90° en sélectionnant l'objet et en cliquant sur l'une des petites flèches doubles.

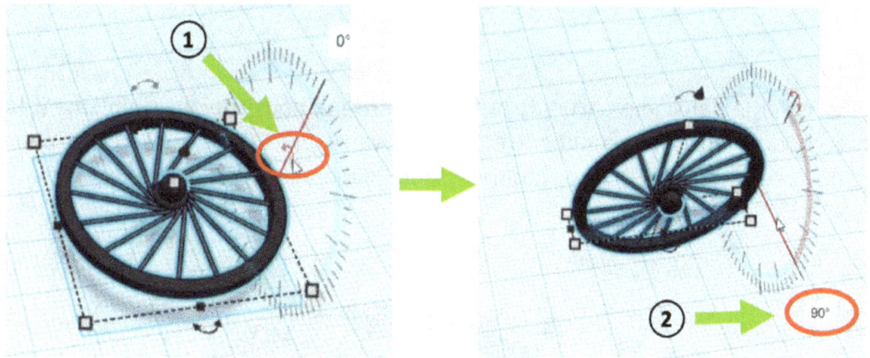

Pour positionner la fourche de la roue, sélectionne les deux objets, appuie sur la touche "L" - ce qui sélectionne la commande "Align" - et clique successivement sur les points d'alignement représentés.

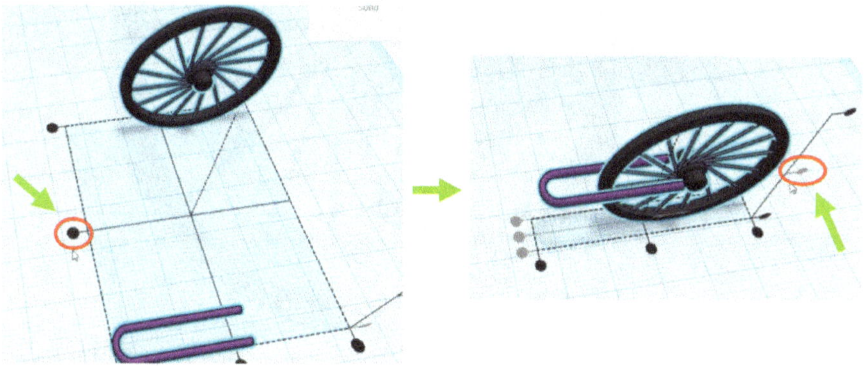

Ensuite, nous poussons encore un peu la fourche de roue vers le moyeu de roue, de sorte que la fourche de roue se trouve à peu près au milieu du moyeu de roue.

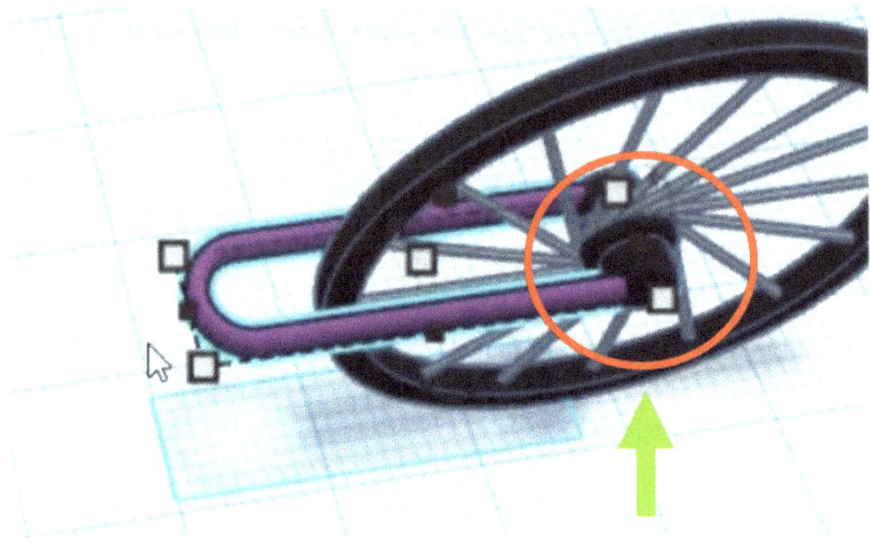

Pour créer la deuxième partie de la fourche arrière, nous copions simplement le tube courbé en le sélectionnant et en appuyant sur "CTRL+D" (raccourci pour "Duplicate and repeat"). Nous faisons ensuite pivoter l'objet dupliqué de 45°.

Ensuite, nous positionnons l'objet en le déplaçant vers le haut et vers le centre, de sorte qu'il se trouve dans le moyeu de la roue à peu près comme sur l'image.

Cet objet représente maintenant notre roue arrière avec la fourche arrière.

Pour créer la roue avant, nous sélectionnons la roue arrière, ainsi que la partie inférieure de la fourche arrière (① et ②) et copions ces deux objets avec "CTRL+D".

Juste après, nous pouvons déplacer les objets dupliqués vers l'arrière avec les touches fléchées de notre clavier ① et raccourcir la longueur de la fourche avant à 22 mm ②.

3.4 Créer le cadre du vélo

Pour le cadre du vélo, nous créons dans ce chapitre quelques entretoises que nous relions ensuite entre elles.

Pour la première entretoise, nous avons besoin d'un élément cylindrique dont nous définissons les dimensions latérales à 3,62 mm ① et dont nous augmentons la hauteur à 36,25 mm ②. De plus, nous définissons les valeurs pour les options "Sides", "Bevel" et "Segments" ③ à leur maximum respectif (64, 2.5, 10).

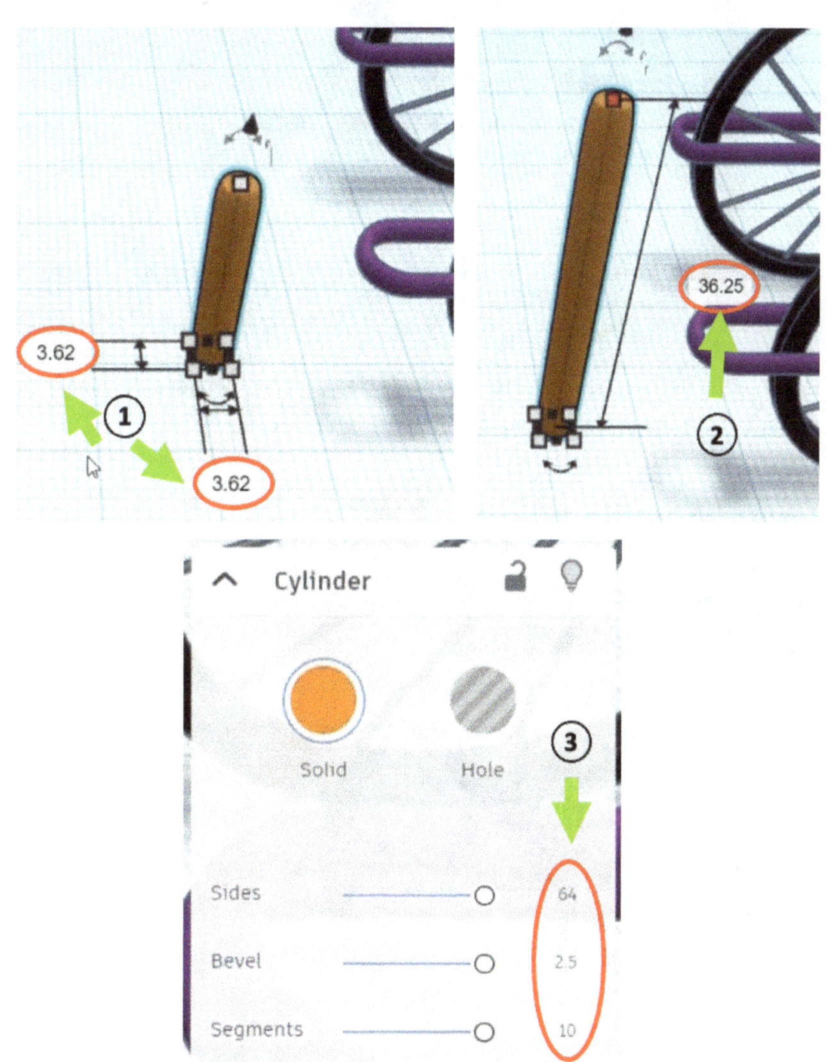

Maintenant, nous positionnons l'entretoise sur la fourche arrière en marquant l'entretoise et la roue arrière, puis en appuyant sur le bouton "L" (raccourci pour "Align"). Nous sélectionnons l'un des points d'alignement centraux ① et tournons ensuite l'entretoise de 22,5° ②.

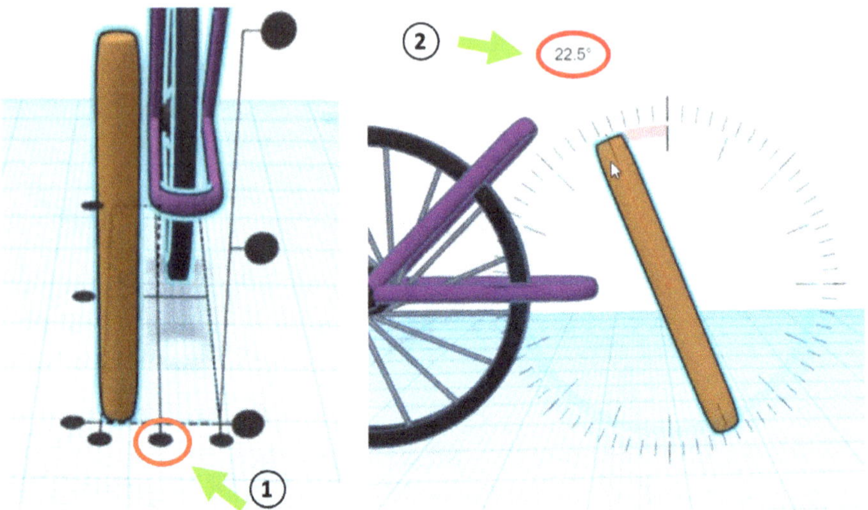

Ensuite, nous déplaçons l'entretoise à l'aide des touches fléchées du clavier ou en la faisant glisser avec la souris jusqu'à la position représentée.

Avant de créer la prochaine barre, utilise d'abord la commande "Workplane tool" ① ou appuie sur la touche "W" comme raccourci. Ensuite, nous sélectionnons la surface supérieure de l'entretoise ②.

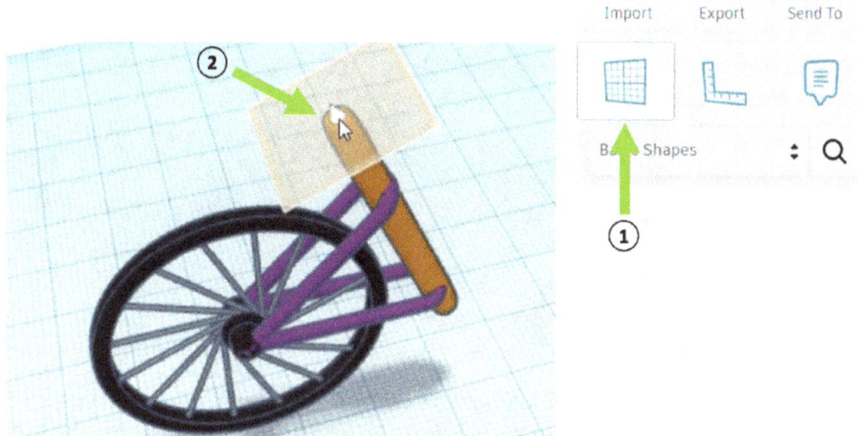

Maintenant, notre plan de travail se trouve sur la barre. Cela nous aide à pouvoir positionner la prochaine barre que nous créons en la dupliquant (raccourci : "CTRL+D") à l'aide de la règle virtuelle. Nous allons voir comment cela fonctionne. Tout d'abord, il y a la duplication et un déplacement manuel, comme illustré.

Ensuite, nous utilisons la règle virtuelle que nous pouvons activer avec la commande "Ruler tool" ① ou en appuyant sur la touche "R" (raccourci). Nous plaçons la règle sur le dessus de la première entretoise ②. Cela fait apparaître une échelle bidimensionnelle avec des mesures.

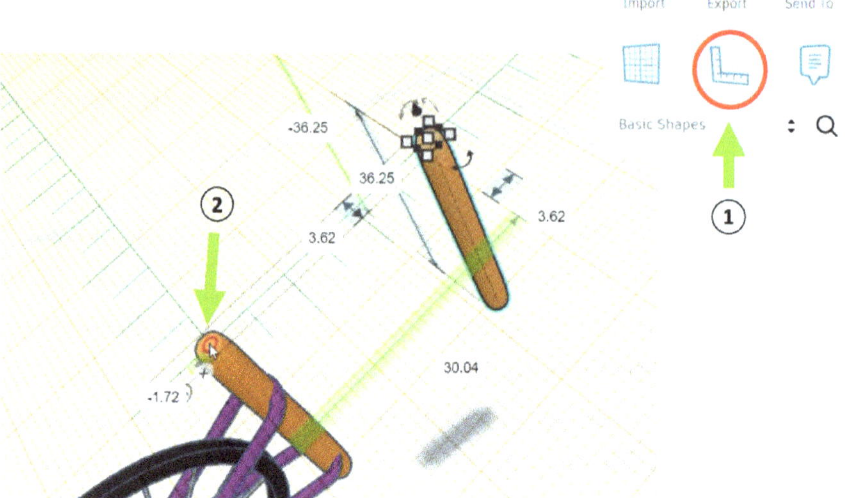

Dans l'étape suivante, nous modifions la distance entre les deux entretoises à environ 41,96 mm en déplaçant l'entretoise avant.

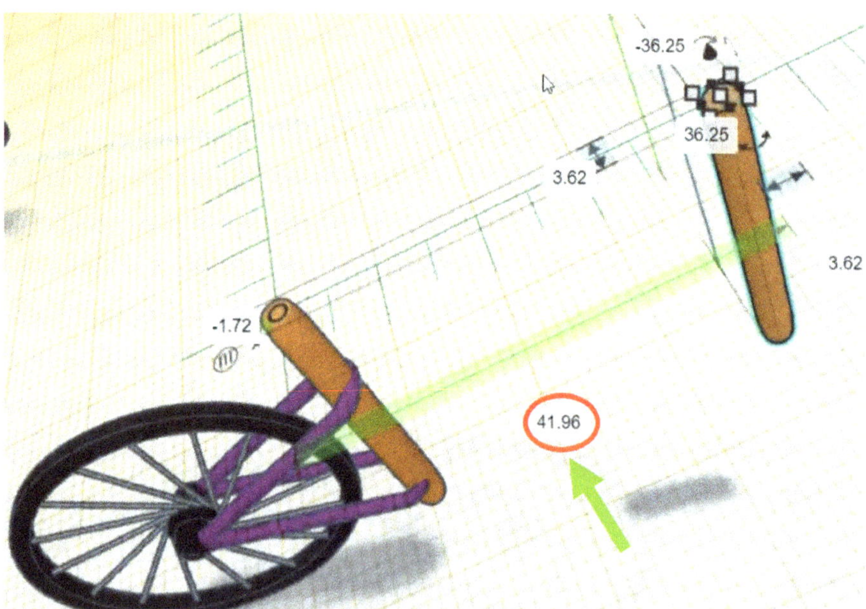

Ensuite, nous raccourcissons l'entretoise avant à une hauteur d'environ 10,87 mm.

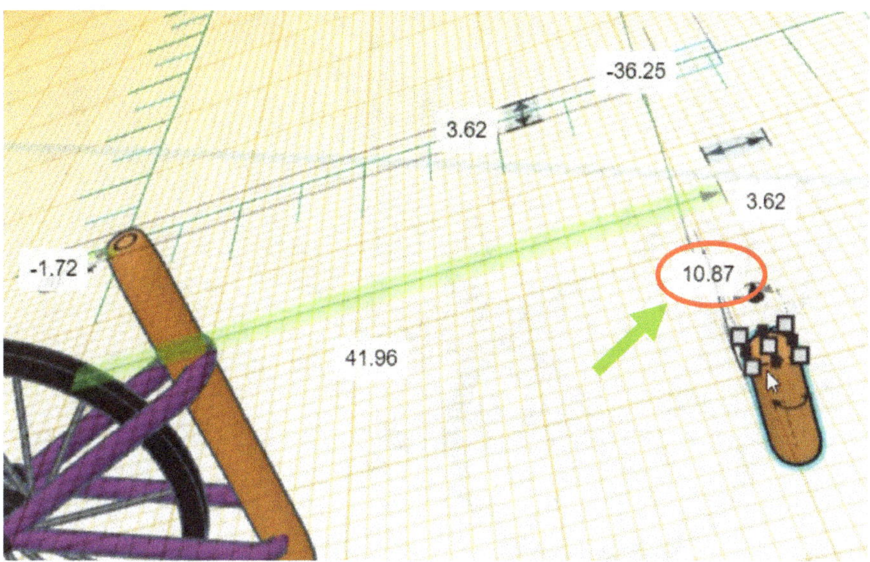

Et ensuite, nous changeons la position verticale de l'entretoise à -18,12 mm, de sorte qu'elle soit placée un peu plus haut.

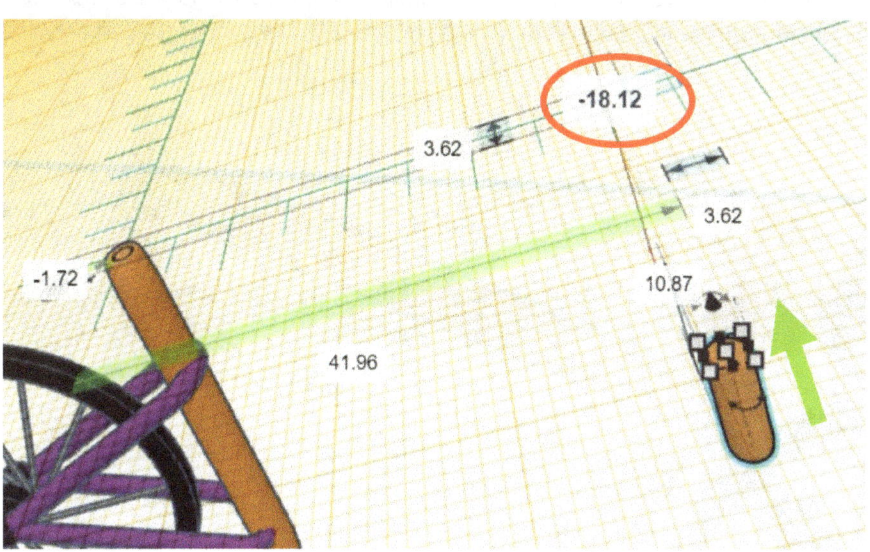

Ensuite, nous dupliquons - avec la commande : "Duplicate and repeat" - à nouveau la barrette ① que nous avions créée au début et nous la faisons pivoter de 90° ②.

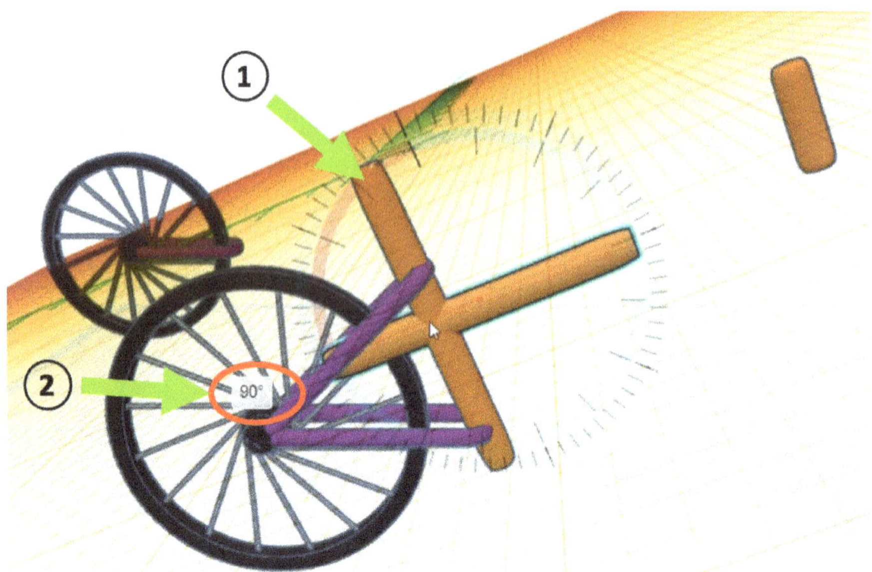

Juste après, nous déplaçons cette barre vers la droite et vers le haut et nous l'allongeons sur le côté droit pour qu'elle ait la position représentée. De plus, nous augmentons la largeur de 3,62 mm à 4,00 mm.

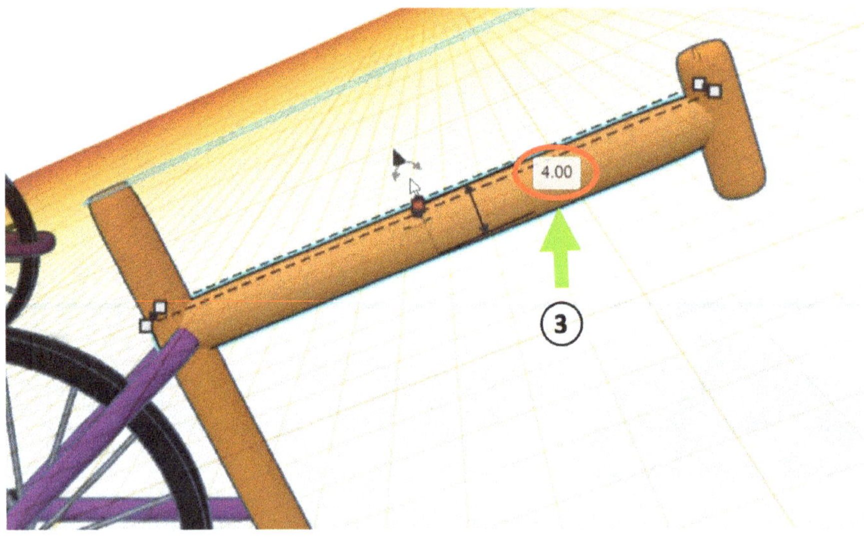

Ensuite, nous dupliquons la barre horizontale ("CTRL+D"), nous la faisons pivoter de 22,5° et nous la déplaçons également jusqu'à la position souhaitée.

Maintenant, le vélo est encore un peu trop haut à l'avant, donc nous le tournons de -10° (tout marquer), puis nous le mettons sur notre plan de travail en appuyant sur le bouton "D". La roue arrière devrait alors toucher le plan de travail.

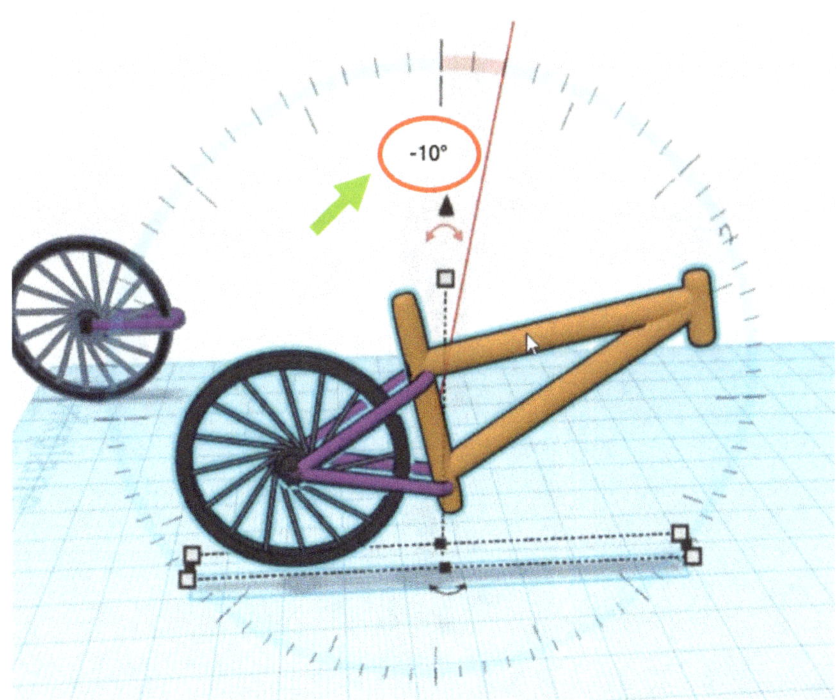

Ensuite, nous déplaçons et tournons la roue avant de manière à ce que la fourche avant soit dirigée vers le haut comme indiqué et que la roue avant soit placée sous le cadre du vélo.

Avec la commande "Align" (raccourci : "L"), nous nous assurons que la roue avant est bien positionnée au centre du vélo. Pour ce faire, sélectionne d'abord tous les objets et choisis ensuite le point d'alignement représenté.

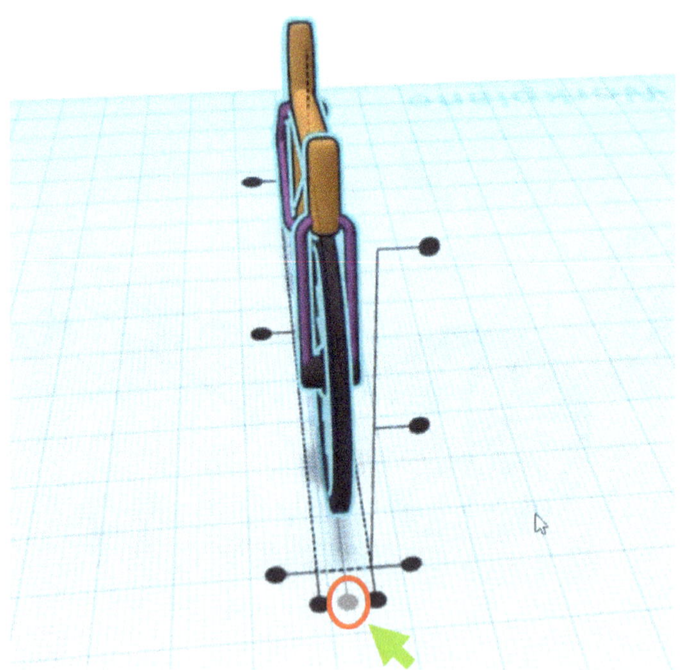

Maintenant, nous apportons encore quelques modifications à la fourche avant afin de pouvoir monter plus tard le guidon sur le vélo. Pour cela, nous plaçons le plan de travail avec le raccourci "W" sur la face inférieure ① de la fourche avant (cliquer). Ensuite, nous pouvons raccourcir légèrement la fourche en la tirant, à savoir environ 20 mm ②. Pour cela, j'ai masqué la roue avant.

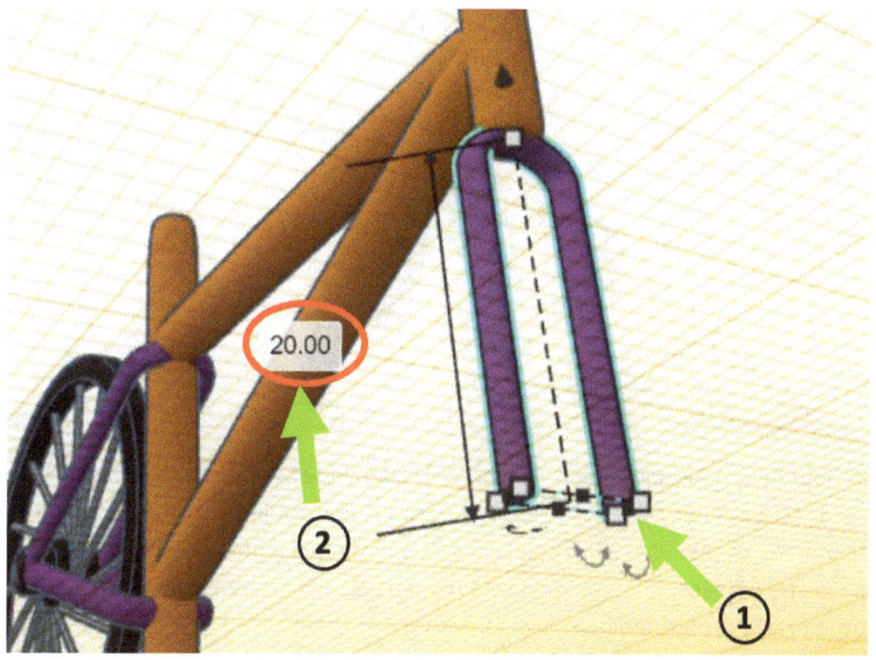

Ensuite, nous dupliquons ("CTRL+D") ce que nous appelons le tube de direction du cadre du vélo ① et modifions les dimensions du duplicata à 2,5 mm à partir de ②.

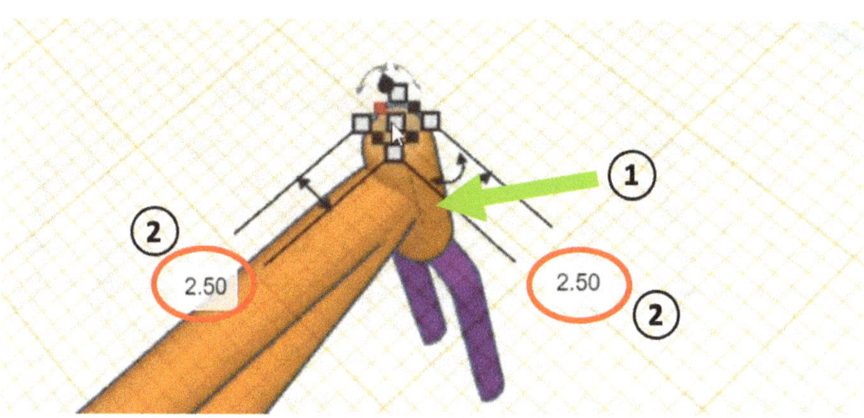

Nous changeons également la longueur de l'objet dupliqué à 14,87 mm.

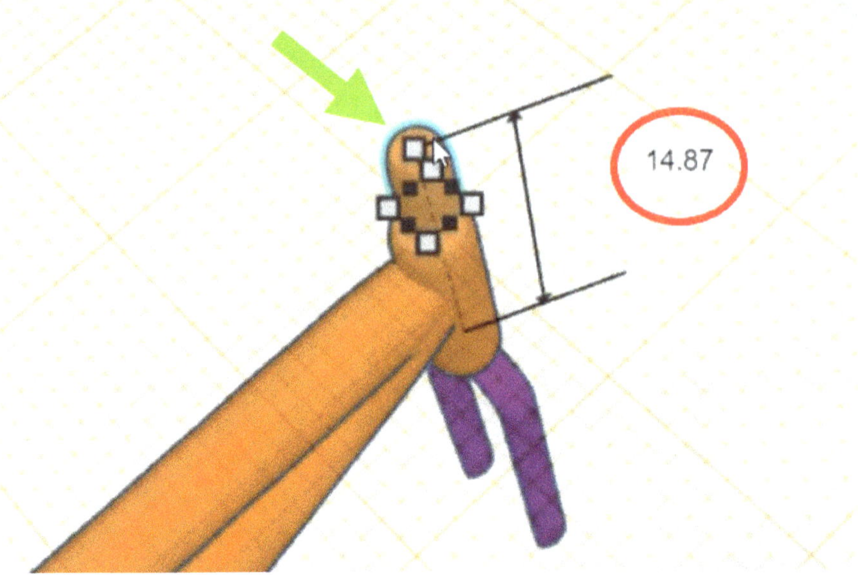

Et pour finir, nous nous assurons que l'objet dupliqué est bien centré dans le tube de direction. Pour cela, nous sélectionnons les deux objets ①, appuyons sur le bouton "L" et cliquons sur les points d'alignement représentés ② et ③. Tu devras peut-être déplacer la fourche du vélo un peu vers le bas pour qu'elle soit ensuite positionnée comme indiqué.

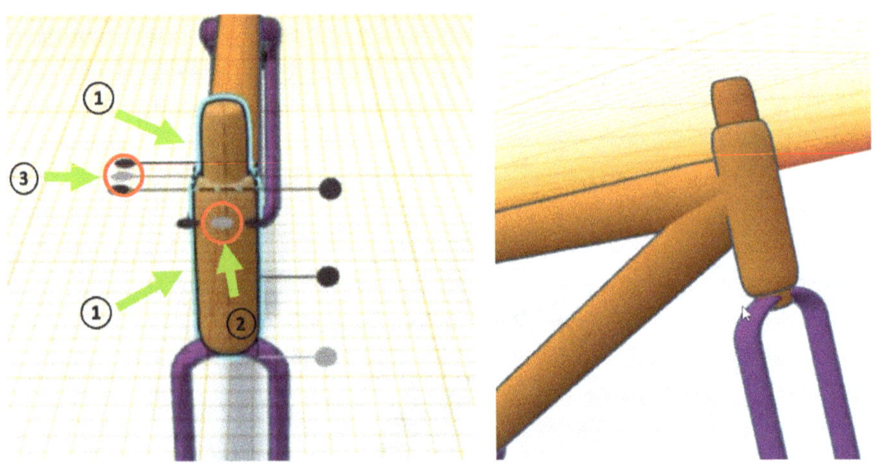

Avant de continuer avec le guidon du vélo, nous pouvons encore protéger les objets de toute autre modification et changer les couleurs. Nous faisons cela en sélectionnant d'abord la roue arrière ① puis en fermant le petit cadenas en haut à droite ②. Nous faisons ensuite la même chose avec la roue avant (non représentée).

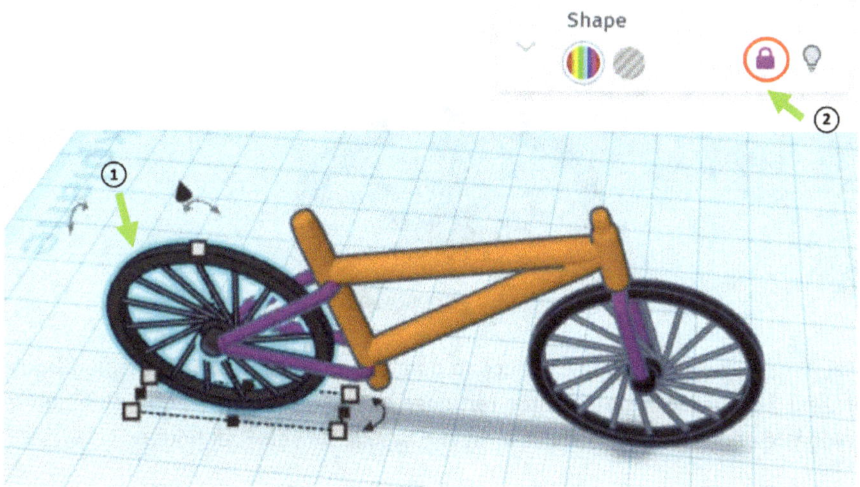

Nous changeons la couleur du cadre du vélo en sélectionnant tous les objets et en utilisant ensuite une teinte qui nous plaît.

J'ai également changé la couleur de la partie sur laquelle nous fixons ensuite le guidon.

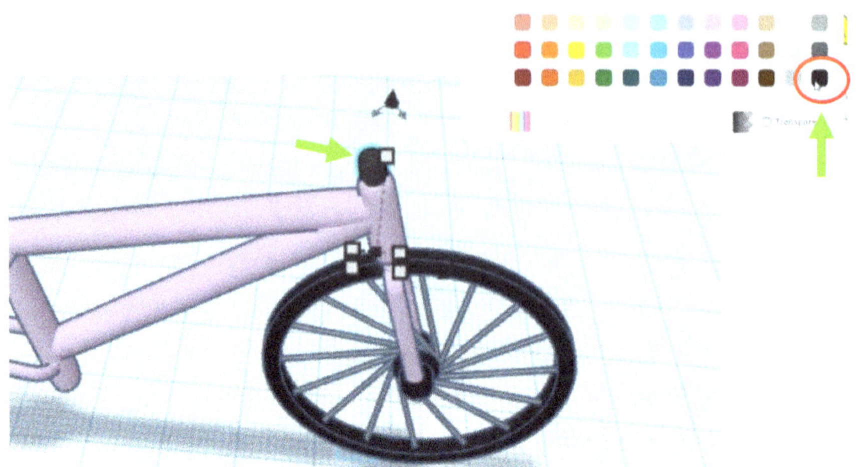

Maintenant, nous avons fait beaucoup de chemin, un travail impeccable jusqu'à présent ! Nous pourrons bientôt terminer le projet, il ne manque plus que le guidon, le pédalier et les pédales ainsi que la selle du vélo. Continuons !

3.5 Créer le guidon du vélo

Pour le guidon, nous commençons par un élément cylindrique ① dont les dimensions ② (L= 19, B= 1.81, H= 1.81) et la forme (③ et ④) sont modifiées comme indiqué.

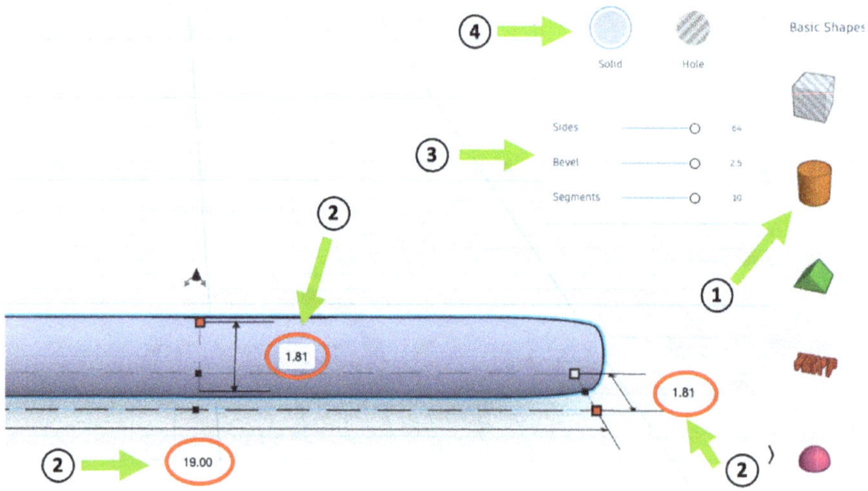

Pour la suite de la géométrie, nous dupliquons l'objet que nous venons de créer, le déplaçons légèrement vers le haut et modifions la longueur à 9 mm à partir de ①. Ensuite, nous le déplaçons légèrement vers la gauche ② et le dupliquons à nouveau ③. Après une rotation de 45° ③, nous positionnons les trois objets comme indiqué ④. Cela donne notre barre de guidon et une des poignées de guidon. Comme tu peux le voir, j'ai également coloré la poignée du guidon en noir.

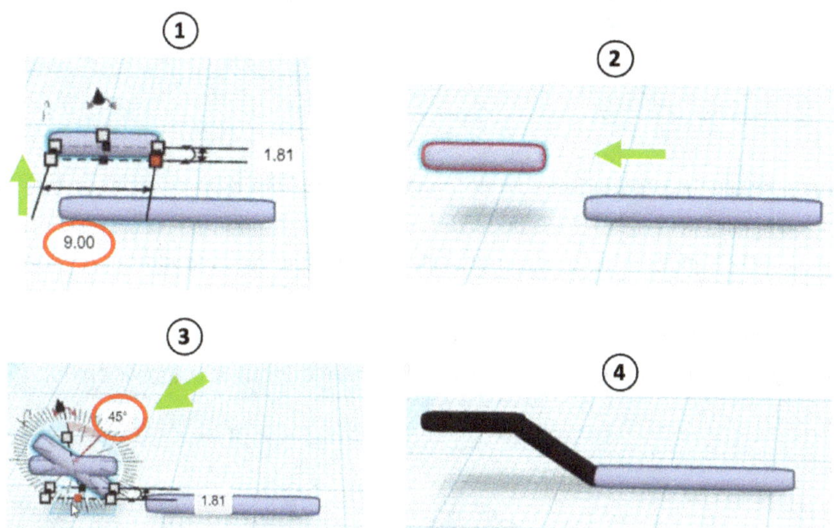

Pour obtenir également une poignée de l'autre côté du guidon, nous pourrions maintenant refaire la même procédure. Mais c'est beaucoup plus rapide en dupliquant d'abord la partie poignée ① puis en la reflétant avec la commande "Mirror" (② et ③).

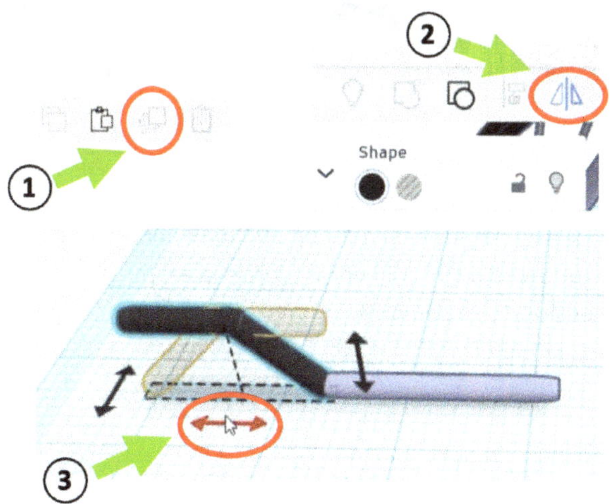

Ensuite, nous faisons simplement glisser la poignée dupliquée et reflétée encore de l'autre côté.

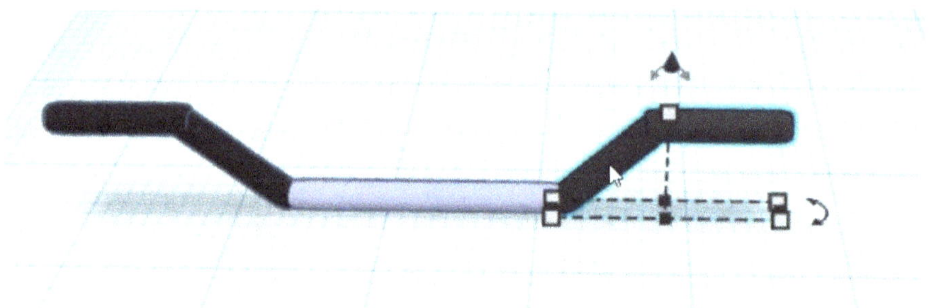

Pour pouvoir fixer le guidon au vélo, nous avons besoin d'un corps au milieu du guidon dans l'avant-dernière étape. Nous le créons en dupliquant la partie centrale (bleu clair) et en modifiant les dimensions comme suit. Nous modifions d'abord la longueur de la partie dupliquée à environ 12 mm ①, la hauteur à 2 mm ② et également la largeur à 2 mm ③. Pour finir, nous raccourcissons la longueur à 5 mm ④, de sorte que l'objet soit à peu près centré et nous le colorons en noir ⑤.

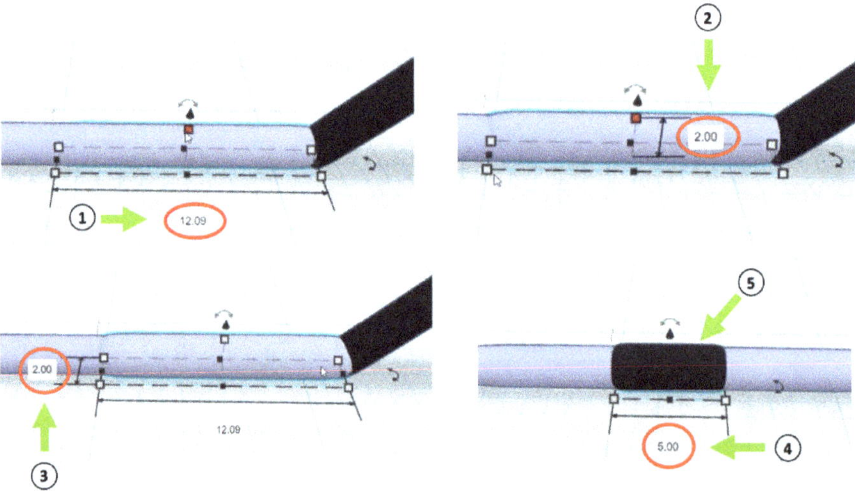

Pour compléter la partie centrale du guidon, duplique encore une fois la barre de guidon bleu clair, tourne-la de 90° ① et raccourcis-la à 4 mm ②. L'objet dupliqué devrait ainsi être positionné à peu près comme indiqué ③. Nous pouvons ensuite le colorer en noir également.

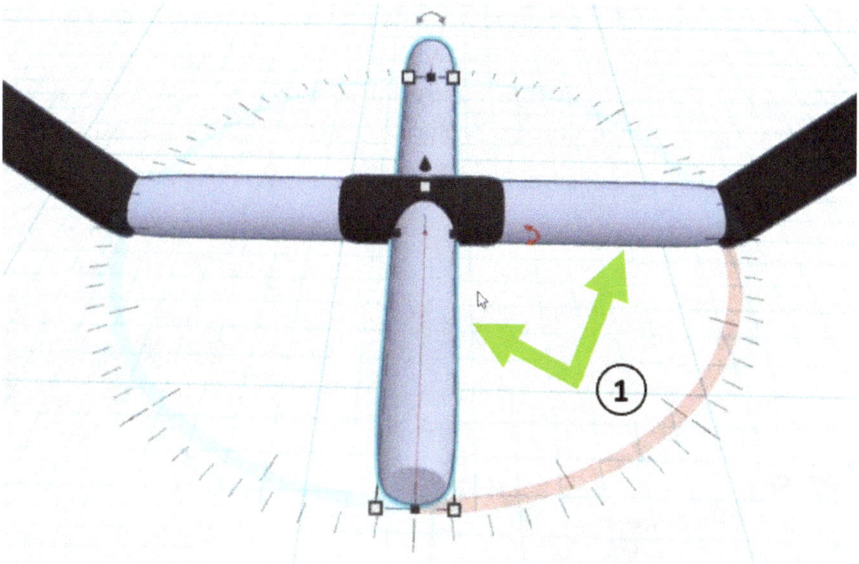

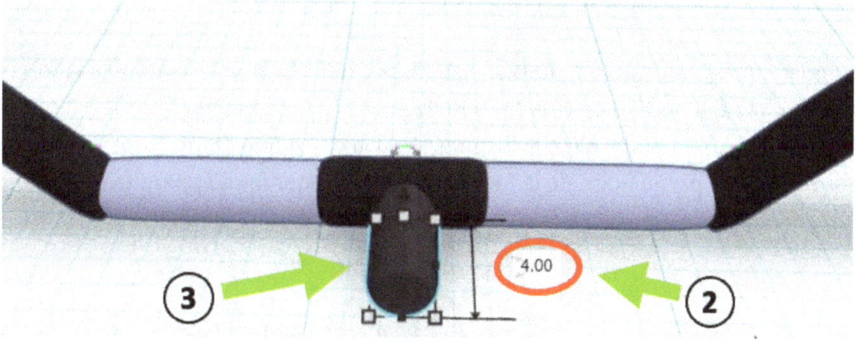

Pour que la partie noire centrale soit concentrique au guidon (bleu clair), nous sélectionnons les deux parties ("touche Maj" enfoncée) ① et appuyons sur la touche "L" pour la commande "Align". Nous cliquons ensuite successivement sur le guidon bleu clair ② et sur les points d'alignement représentés ③ et ④.

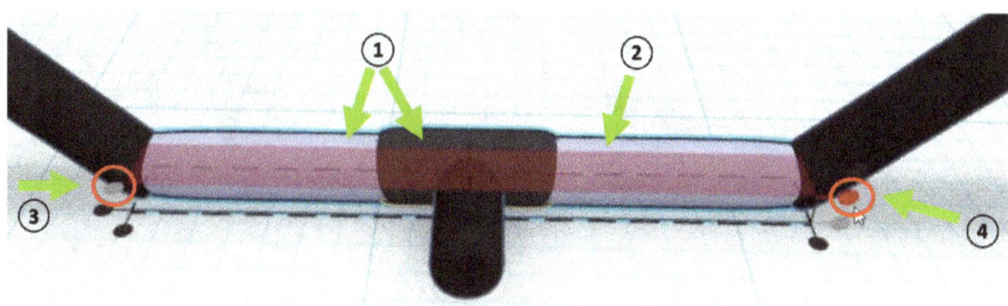

Maintenant, notre guidon est prêt ! Avant de pouvoir le monter sur le vélo, nous regroupons tous les objets. Pour cela, nous sélectionnons toutes les pièces ①, appuyons sur le raccourci "CTRL+G" ou sélectionnons la commande en cliquant sur le bouton ② et cochons l'option "Multicolor" (③ et ④) dans les paramètres pour que toutes les couleurs soient conservées.

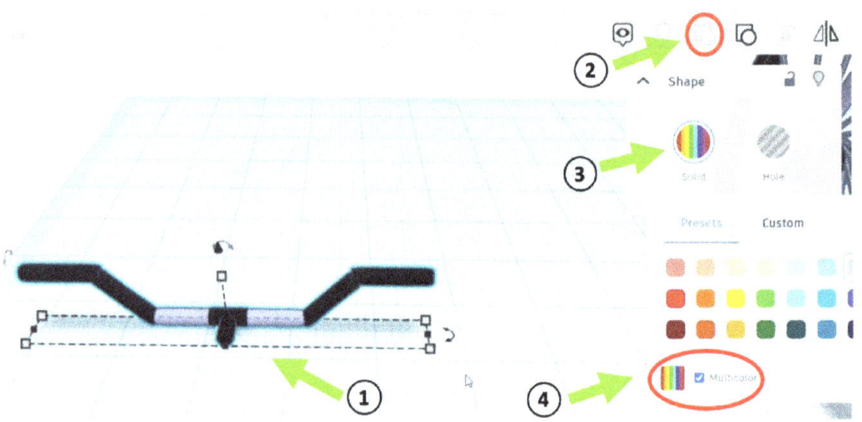

Pour le montage du guidon, nous sélectionnons dans la première étape à la fois le guidon ① et la partie noire de la fourche avant ② et appuyons sur le raccourci "L" (pour la commande "Align"). Ensuite, dans la deuxième étape, nous cliquons à nouveau sur la partie noire de la fourche avant ③ pour faire apparaître les points d'alignement corrects.

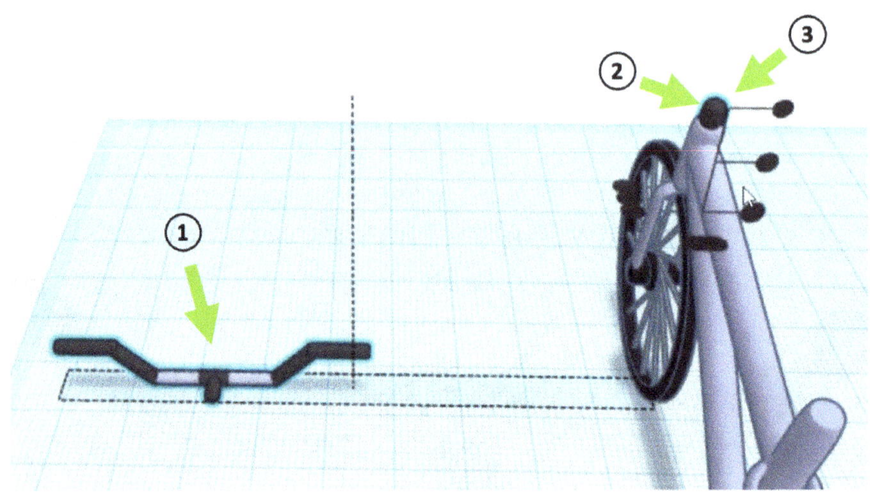

Ensuite, nous cliquons successivement sur les points d'alignement représentés, de sorte que le guidon soit placé au centre de la partie avant du vélo.

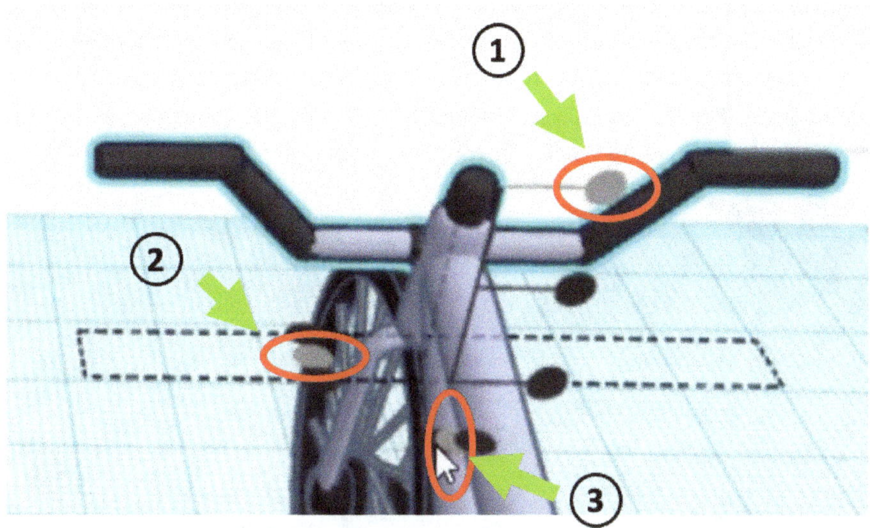

Pour finir, nous devons déplacer le guidon un peu vers le haut.

Parfaitement bien fait ! Nous avons réussi une autre partie de ce projet. Continuons avec le pédalier et les pédales, bientôt nous aurons complètement terminé le vélo !

3.6 Le pédalier et les pédales du vélo

Dans ce chapitre, nous créons le pédalier et les pédales du vélo. Pour le boîtier de pédalier, nous créons un corps cylindrique ① dont la hauteur et la longueur des côtés doivent être de 7,25 mm chacune ②. Nous définissons également les paramètres "Sides", "Bevel" et "Segments" ③, comme souvent, aux valeurs maximales respectives (64, 2,5, 10). Pour finir, nous changeons la couleur ④.

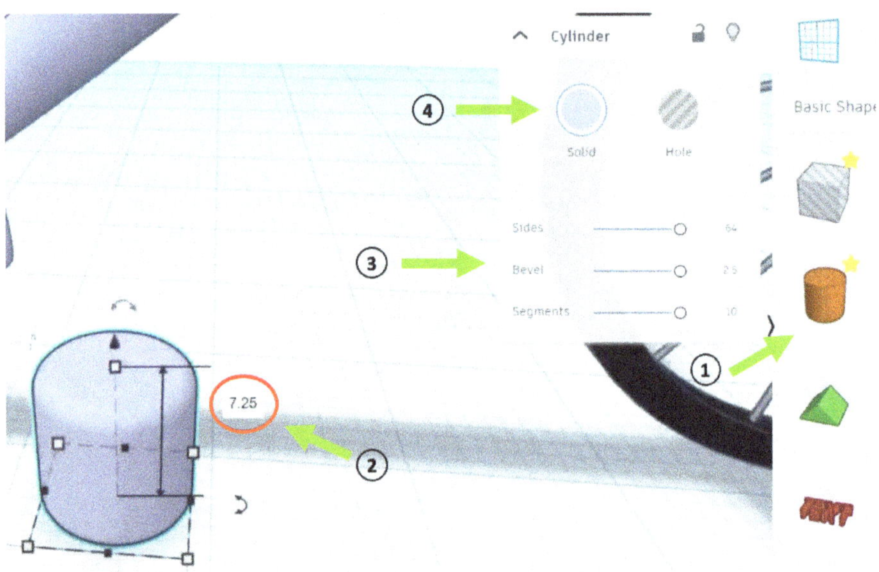

Nous faisons ensuite pivoter cet objet de 90° et le positionnons au centre de la partie inférieure du cadre du vélo (déplacer l'objet et utiliser la commande "Align").

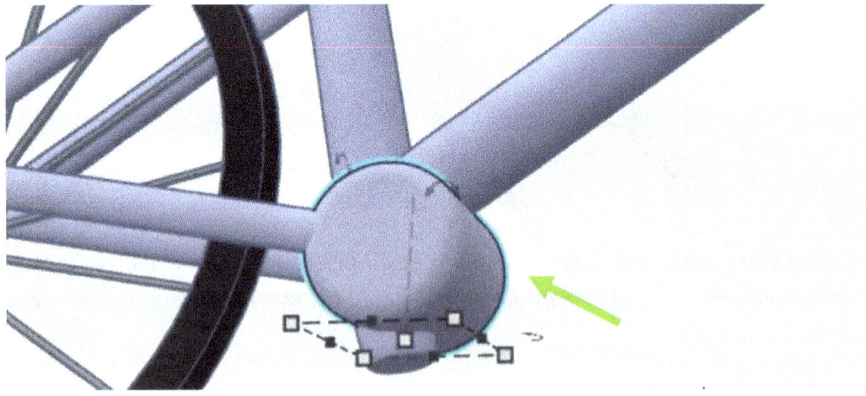

On remarque que le cadre du vélo dépasse encore un peu dans la partie inférieure. Nous aimerions maintenant éliminer ce dépassement. Comment pouvons-nous le faire ? Essaie d'abord toi-même, la solution suit immédiatement.

--- Voici la solution : ---------------------------------------

Nous plaçons notre plan de travail sur la surface inférieure de la partie qui dépasse à l'aide du raccourci "W", puis nous pouvons facilement le raccourcir en tirant la partie qui dépasse vers le haut avec la souris.

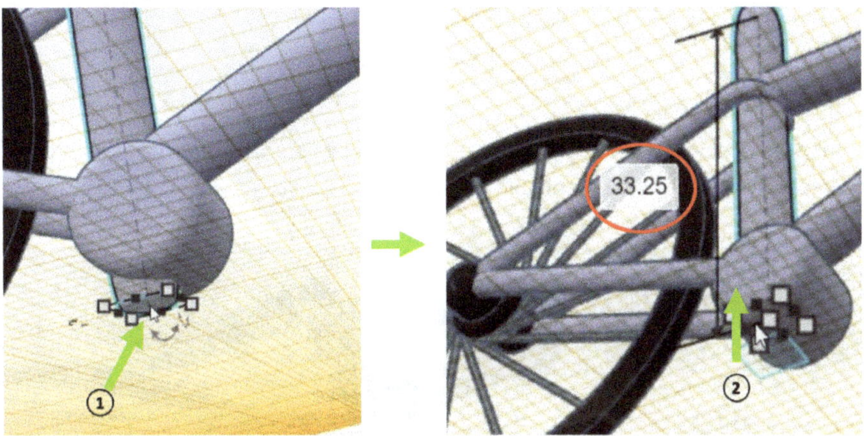

Maintenant, nous continuons avec le pédalier et les pédales, que nous positionnerons ensuite dans le boîtier de pédalier.

Nous créons d'abord le pédalier à partir d'un objet cylindrique teinté en noir. Les dimensions sont les suivantes : Largeur = 4 mm, hauteur = 4 mm et longueur = 9 mm.

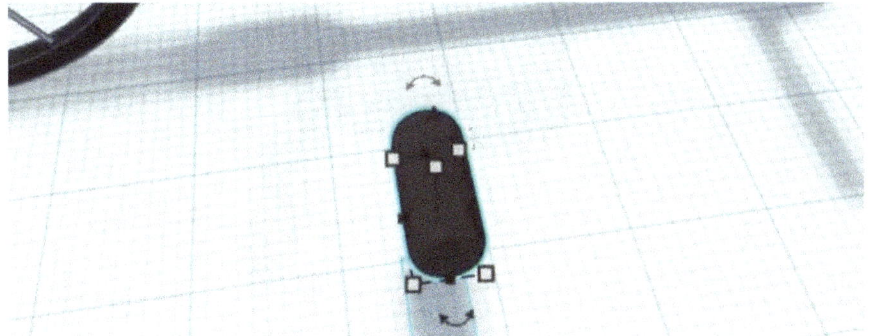

Ensuite, nous dupliquons cet objet et modifions la longueur du duplicata à 11 mm ainsi que sa hauteur et sa largeur à 1,81 mm chacune.

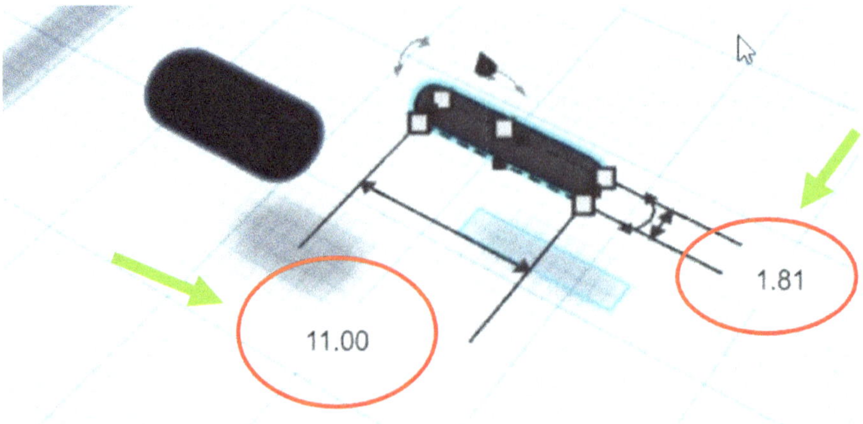

Nous dupliquons ensuite cette partie et la déplaçons deux fois pour obtenir l'objet représenté, qui est notre manivelle de pédale.

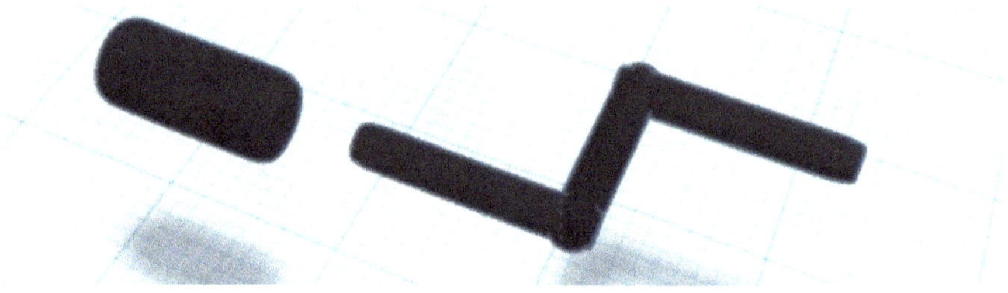

Après une rotation, nous pouvons connecter cette manivelle de pédale au pédalier en la centrant.

Il ne manque plus que les deux pédales. Nous créons les pédales à partir d'une géométrie de cube ("Dice"). Cette géométrie se trouve dans la bibliothèque de formes ①. Pour créer notre pédale, nous modifions les dimensions du cube à 10 mm pour la longueur, 4 mm pour la largeur et 2 mm pour la hauteur à partir de ②.

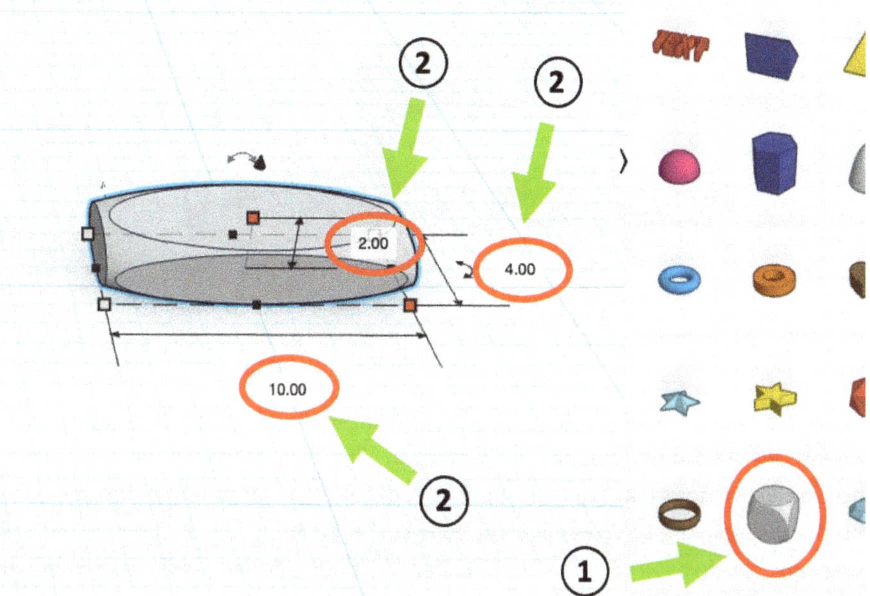

Après une rotation et un déplacement, nous pouvons positionner la première pédale.

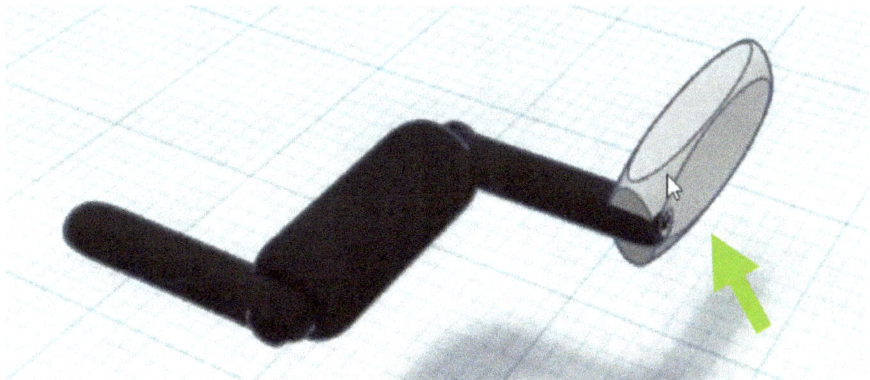

Ensuite, nous dupliquons la première pédale et la déplaçons de l'autre côté pour obtenir la deuxième pédale. De plus, nous regroupons le pédalier, la manivelle et les pédales en sélectionnant toutes les parties et en utilisant le raccourci "CTRL+G". N'oublie pas d'activer l'option "Multicolor" pour conserver les différentes couleurs.

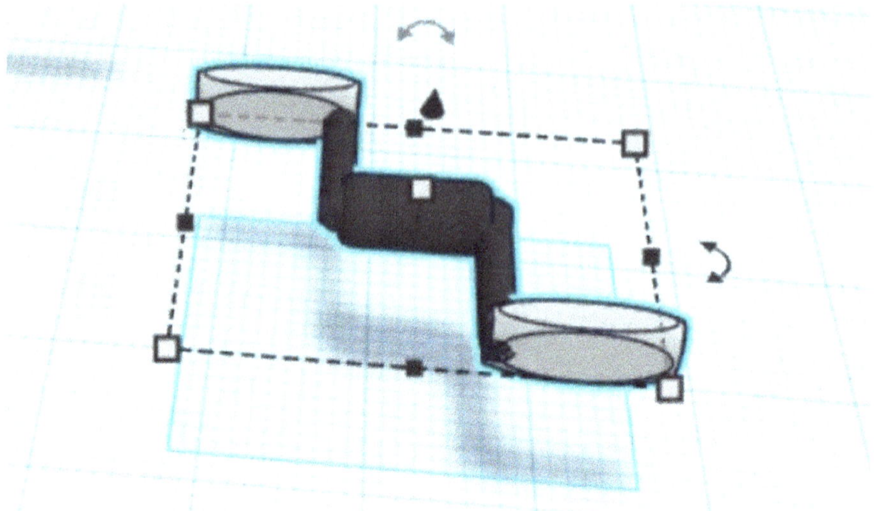

Pour finir, nous devons encore monter le groupe de pédalier sur le vélo. Nous effectuons le positionnement avec le raccourci "L" (commande "Align"). Pour cela, nous sélectionnons d'abord le groupe de pédalier ① (touche Maj enfoncée) et le boîtier de pédalier ②. Après avoir appuyé sur la touche "L", nous cliquons ensuite une nouvelle fois sur la boîte de pédalier ③ pour que les points d'alignement corrects apparaissent. Maintenant, nous sélectionnons chaque fois les points d'alignement centraux ④.

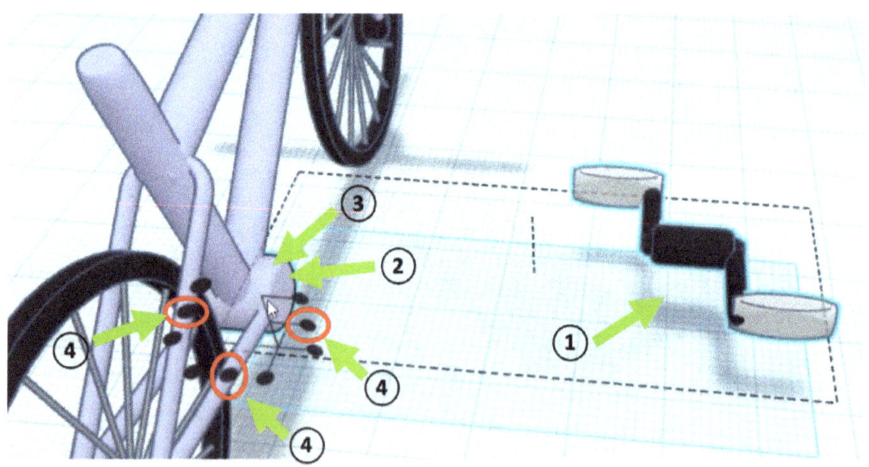

Il ne manque plus que la selle pour le vélo et nous aurons terminé le projet ! Continue, c'est presque fini !

3.7 La selle du vélo

Nous créons la selle de vélo avec le corps de base "Paraboloid" ① de la bibliothèque de formes. Après avoir fait pivoter l'objet ② de 90°, nous devons encore effectuer quelques étapes supplémentaires.

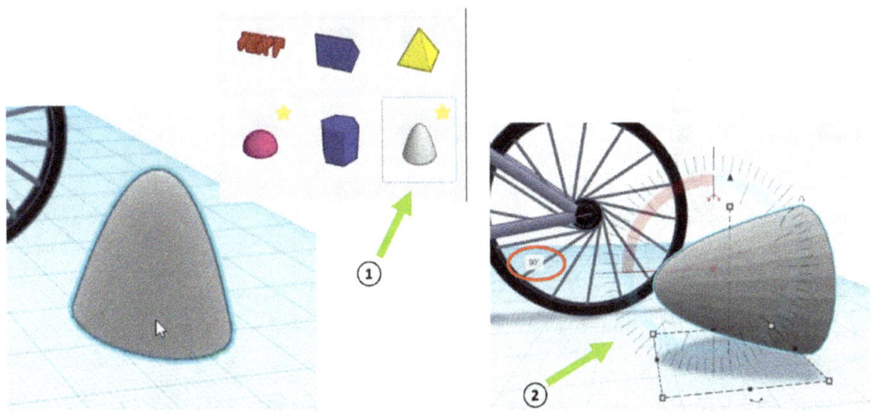

D'une part, nous modifions la hauteur de l'objet pivoté à 7 mm ① et d'autre part, nous dupliquons la pièce et faisons glisser le duplicata ② avec la souris vers l'arrière en direction de la flèche orange ③. Ensuite, nous changeons la largeur des deux objets à 15 mm ④.

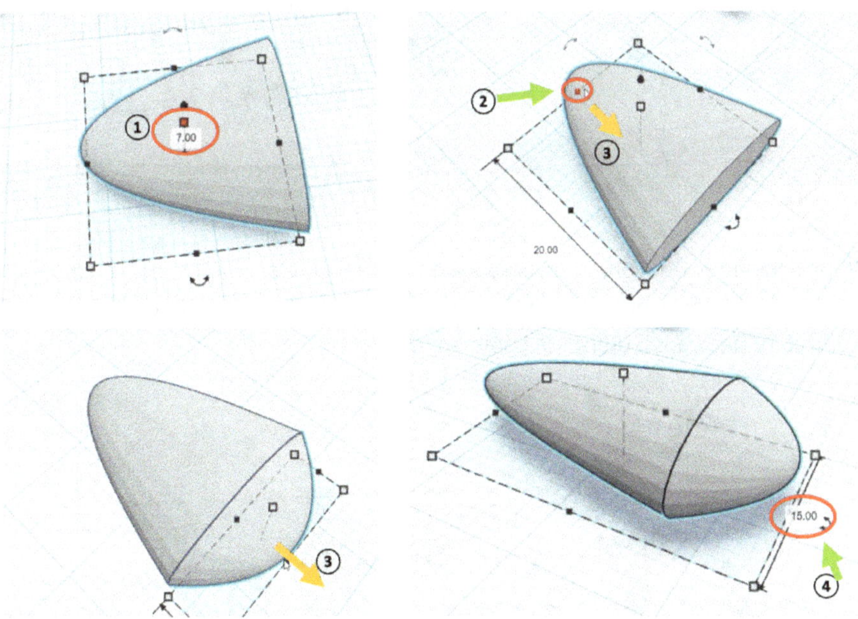

Ensuite, nous dupliquons la pièce et enlevons le bas de la selle en mettant l'objet dupliqué au réglage "Hole", en le déplaçant de 1 mm vers le bas, puis en regroupant les deux objets ensemble ("CTRL+G").

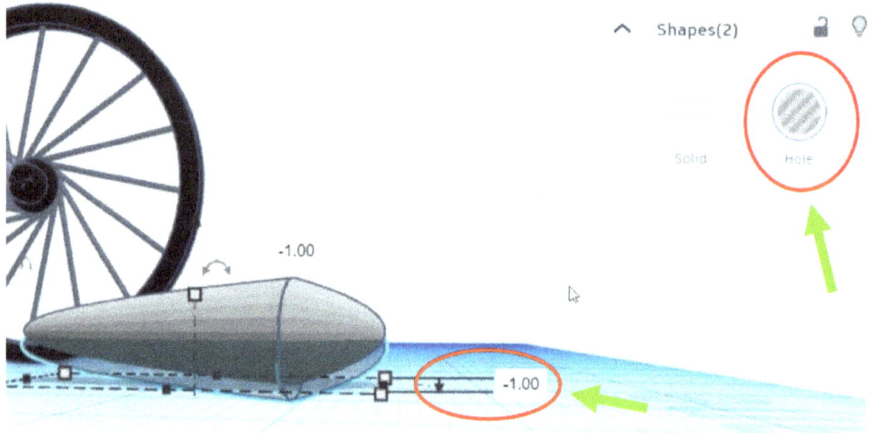

La selle est un peu trop grande pour moi, alors je modifie encore une fois un peu les dimensions de l'objet groupé. Je réduis la longueur à 20 mm et la largeur à 12 mm. La hauteur reste à 4 mm.

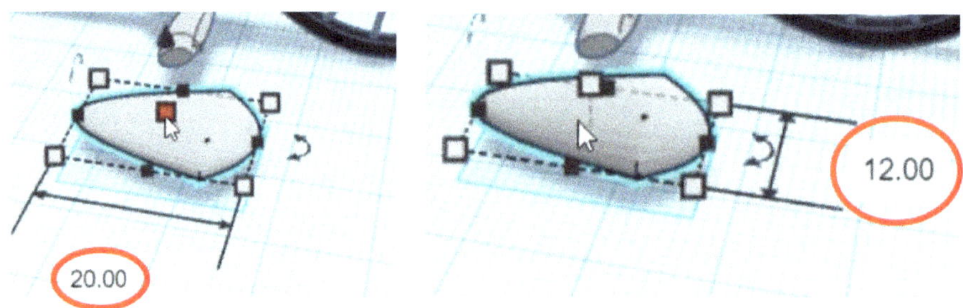

Pour finir, nous pouvons colorer la selle comme tu le souhaites, par exemple en noir, puis la déplacer et la positionner à l'aide de la souris. Pour l'alignement central, tu peux aussi utiliser la commande "Align".

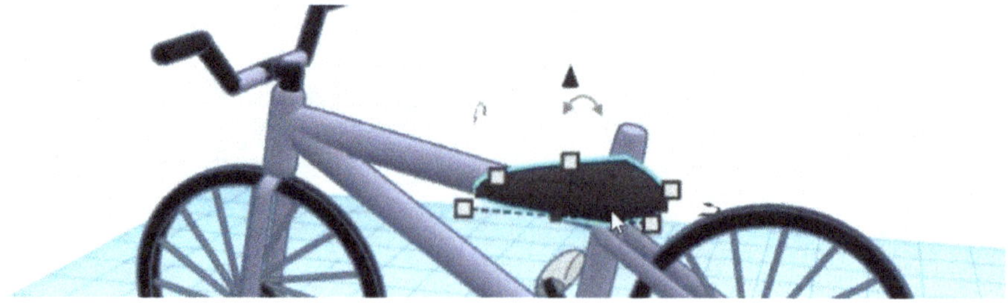

Ouah ! C'était un projet plutôt long et complexe. Si tu es arrivé jusqu'ici, tu peux être très fier de toi. Tu as fait beaucoup de choses et tu t'es beaucoup entraîné dans Tinkercad. Le vélo fini devrait alors ressembler à quelque chose comme ça. Bien sûr, ce n'est pas grave si ton vélo est légèrement différent ou si tu as même choisi d'autres couleurs. Sois créatif et pense de manière autonome, c'est exactement ce qu'il faut faire !

Chapitre 4 | Modèle 3D Projet 3 : Réveil rétro

Dans ce troisième projet commun, nous allons créer un réveil rétro. Comme toujours, tu peux copier le modèle fini dans ton compte "Tinkercad" en cliquant sur le lien suivant :

https://tinyurl.com/3mererah

Pour la construction, nous procédons de la manière suivante. Nous commençons d'abord par le boîtier du réveil, puis nous créons le cadran ainsi que les aiguilles. Ensuite, il y a les cloches et le marteau qui fait sonner les cloches. Enfin, il y a le bouton marche/arrêt blanc dans la partie supérieure et les pieds dans la partie inférieure. Nous faisons tout cela étape par étape.

4.1 Le boîtier du réveil

Le boîtier du réveil se compose tout d'abord d'un corps de base cylindrique dont nous augmentons la longueur et la largeur à 150 mm et la hauteur à 65 mm. Nous pouvons également attribuer la couleur jaune à cette étape.

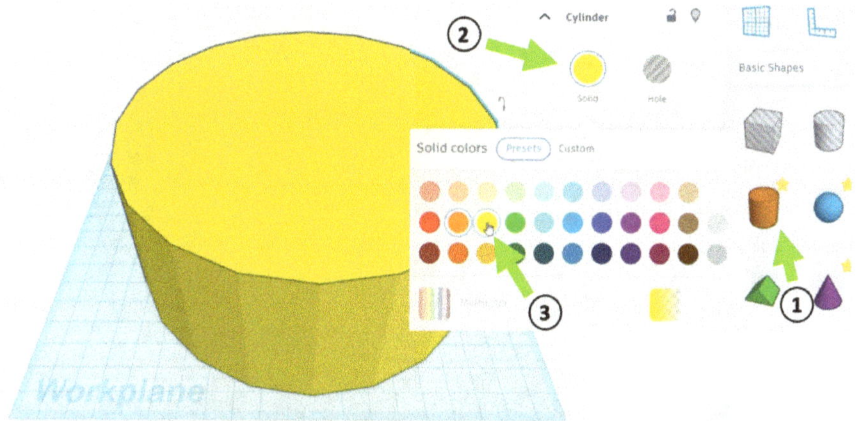

Comme le cylindre est encore un peu trop anguleux pour moi, l'étape suivante consiste à augmenter tous les paramètres dans les paramètres de l'objet à leur maximum respectif (64, 2.5, 10). Pour cela, il suffit de tirer les trois curseurs complètement vers la droite.

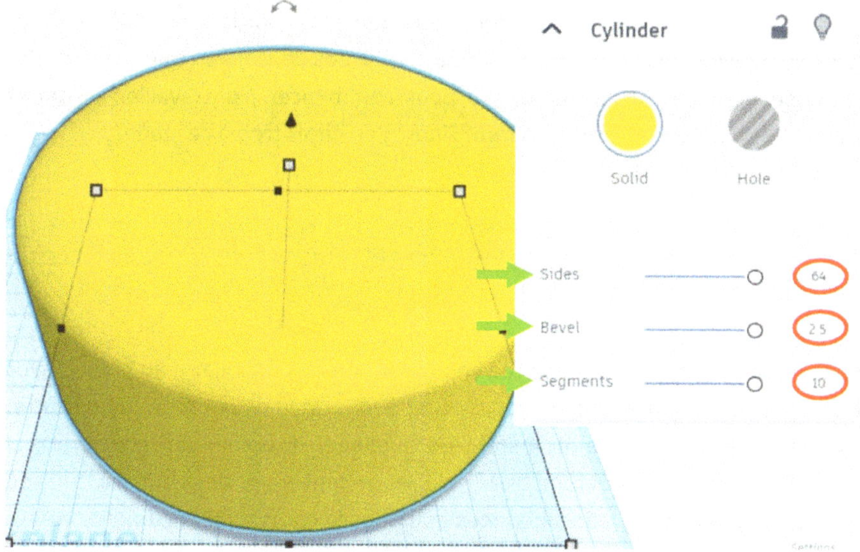

Nous voulons maintenant faire de la place pour le cadran et les aiguilles. Pour cela, notre cylindre actuel doit prendre la forme suivante :

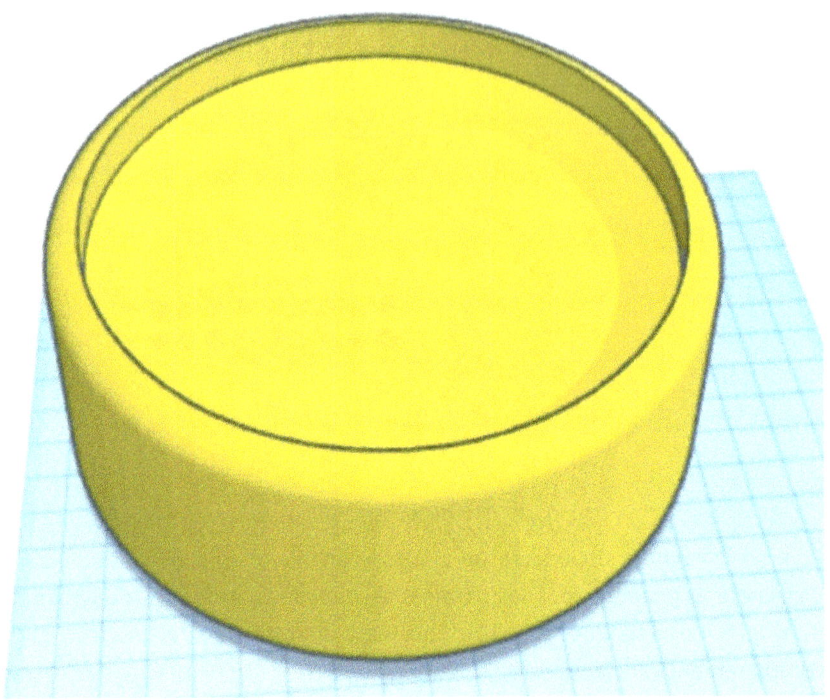

Réfléchis brièvement à la manière dont nous pourrions aborder ce problème. Peut-être que tu trouveras la solution tout seul. Il n'y a pas de mal à ce que tu fasses des essais pendant un certain temps. Tu peux commencer par travailler à l'œil et prendre les bonnes mesures plus tard. Sinon, j'en dirais trop à ce stade.

-- Voici la solution : --

Nous créons la géométrie souhaitée en utilisant un corps similaire au boîtier, avec lequel nous créons une section. Nous soustrayons donc deux corps l'un à l'autre. Pour créer le corps similaire, il suffit de dupliquer le boîtier de montre actuel (CTRL+D), de passer aux paramètres "Hole" et de centrer les deux corps à l'aide de la commande Align ("L"). Ensuite, nous poussons le corps dupliqué un peu vers le haut pour qu'il soit à 46 mm du sol.

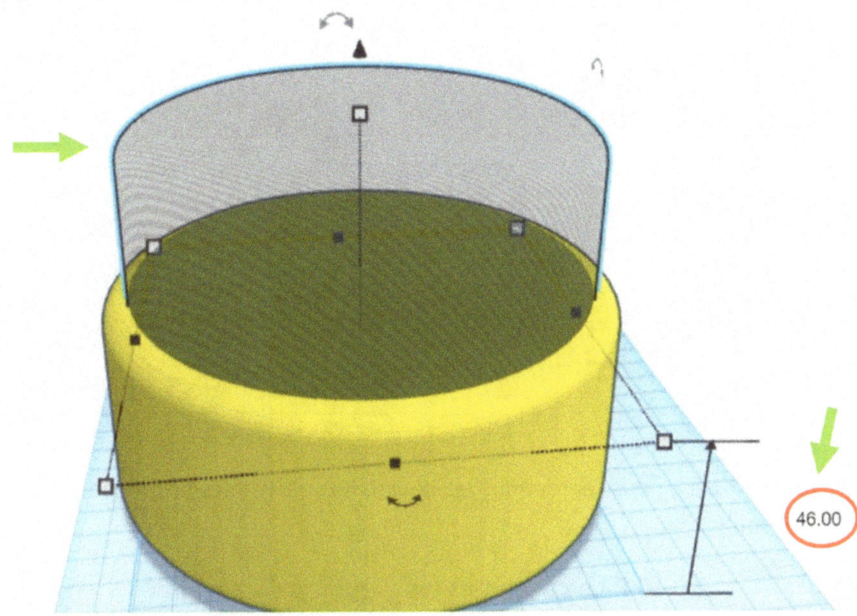

Dans l'étape suivante, nous modifions les paramètres pour le corps supérieur. Pour que la découpe ressemble à ce que nous voulons, nous définissons les valeurs 64, 2 et 1 dans les paramètres "Sides", "Bevel" et "Segments".

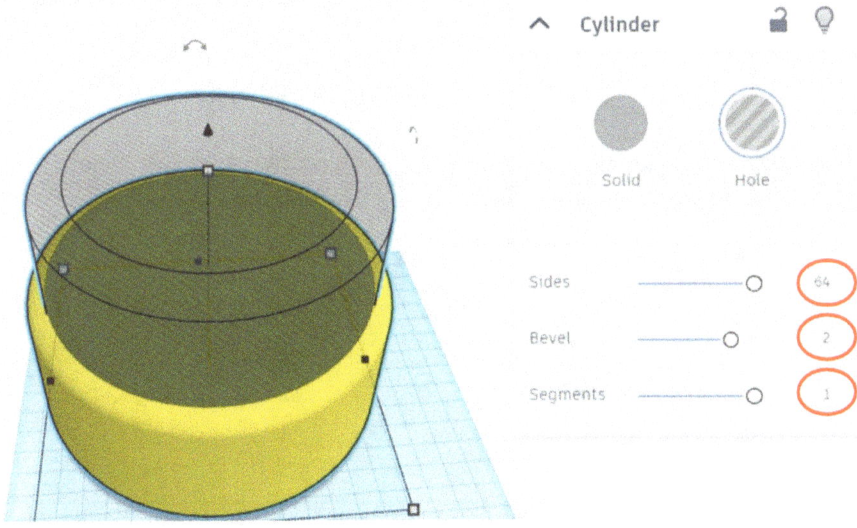

Avant de regrouper les deux corps, nous dupliquons le corps supérieur ("CTRL+D") et le déplaçons sur le côté. Nous en faisons ensuite la base du cadran.

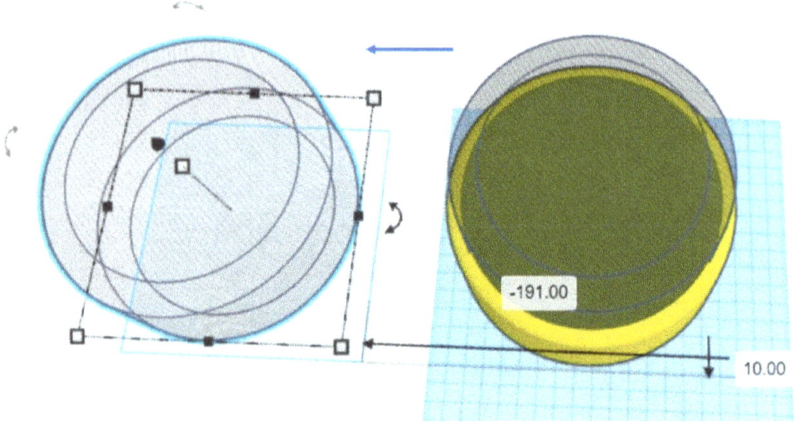

Mais avant cela, nous regroupons les deux corps assemblés et obtenons ainsi le boîtier souhaité.

4.2 Le cadran et les aiguilles du réveil

Ensuite, nous allons nous occuper du cadran. Pour cela, nous avons déjà fait un travail préparatoire dans le chapitre précédent en dupliquant un objet et en le mettant de côté. Cet objet, nous le mettons d'abord en sélection "Solid", puis nous changeons la couleur en blanc et réduisons la hauteur à 3 mm. Il doit représenter le fond du cadran.

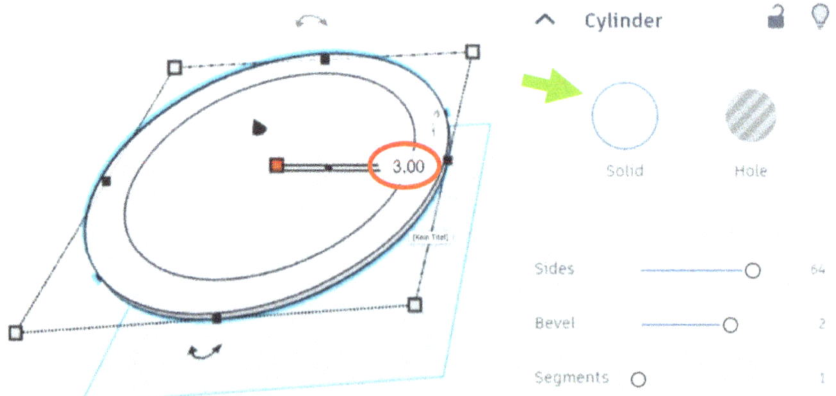

Avec la commande Align (touche "L"), nous centrons le cadran et le boîtier.

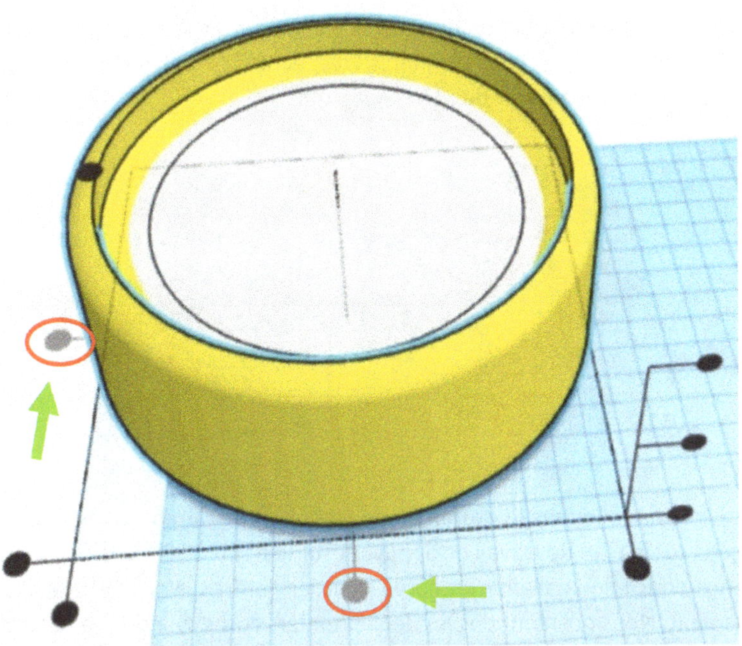

Ensuite, nous faisons glisser le cadran à une distance d'environ 51 mm du plan de travail.

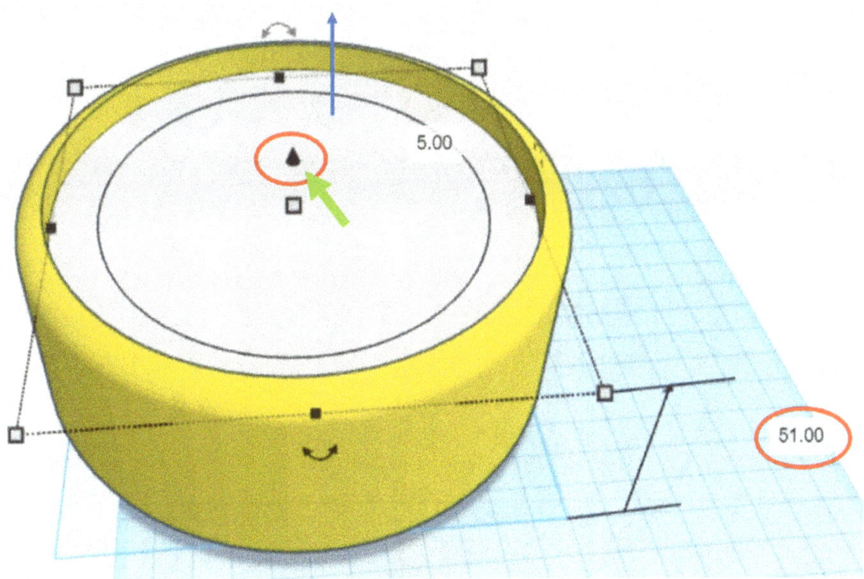

Ensuite, nous créons les autres éléments du cadran. Pour cela, nous utilisons à nouveau une forme de base cylindrique ①, augmentons ses paramètres ("Sides", "Bevel", "Segments") à leur maximum respectif ② et modifions toutes les dimensions à 14 mm à partir de ③.

Ensuite, nous dupliquons le cadran blanc du boîtier de la montre, le déplaçons et le plaçons sur le plan de travail en appuyant sur le bouton "D". Elle nous servira de référence pour mieux aligner les corps pour les chiffres. Nous l'effacerons après l'alignement. Nous positionnons les deux premiers corps cylindriques à l'aide de la commande Align (touche "L") et en les déplaçant avec la souris. Comme tu peux probablement déjà le deviner, j'ai simplement dupliqué le premier corps cylindrique ("CTRL+D").

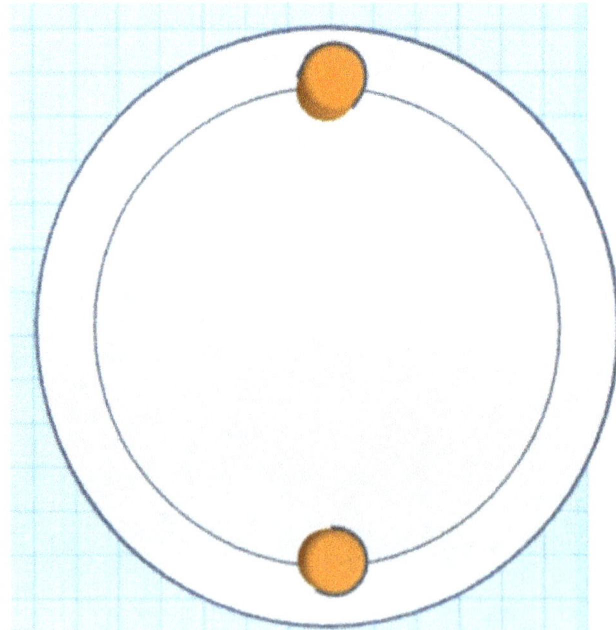

Ensuite, nous regroupons ces deux corps cylindriques avec la commande "Group" ("CTRL+G") pour pouvoir ensuite créer un motif.

J'ai également changé la couleur en rouge. Si nous dupliquons maintenant les corps groupés avec "CTRL+D" et que nous les faisons ensuite pivoter de 30° avec la souris de l'ordinateur, nous obtenons la première partie du motif.

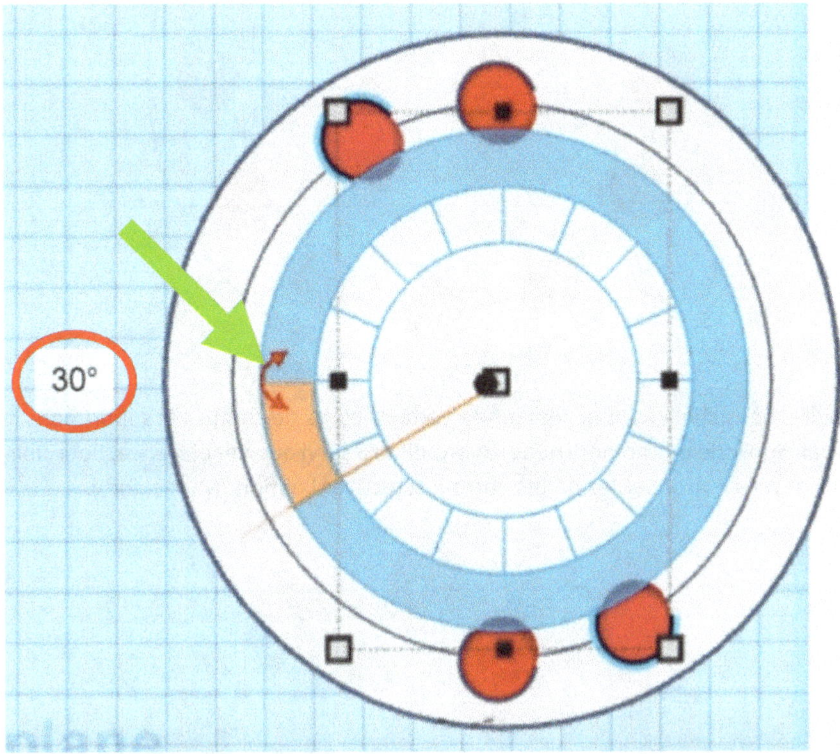

Nous faisons cela encore quatre fois, ce qui nous donne un total de douze corps cylindriques.

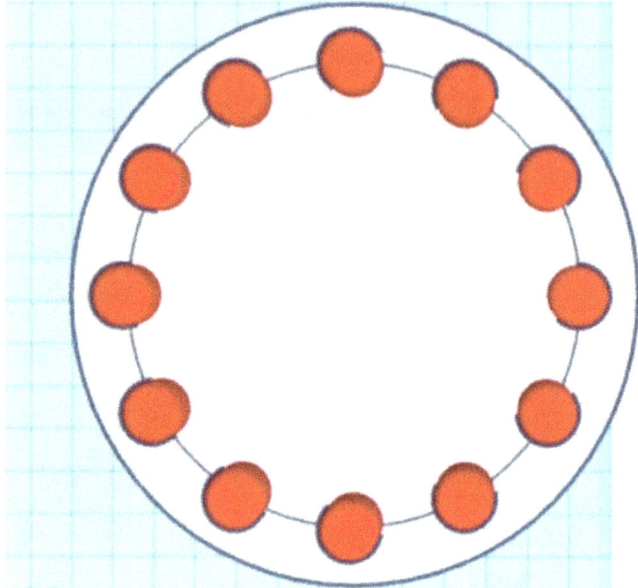

Ensuite, nous changeons la couleur de certains corps de chiffres et supprimons le cadran dupliqué qui, comme nous l'avons dit, n'a servi que de référence. Pour finir, nous devons regrouper les objets entre eux (activer l'option "Multicolor").

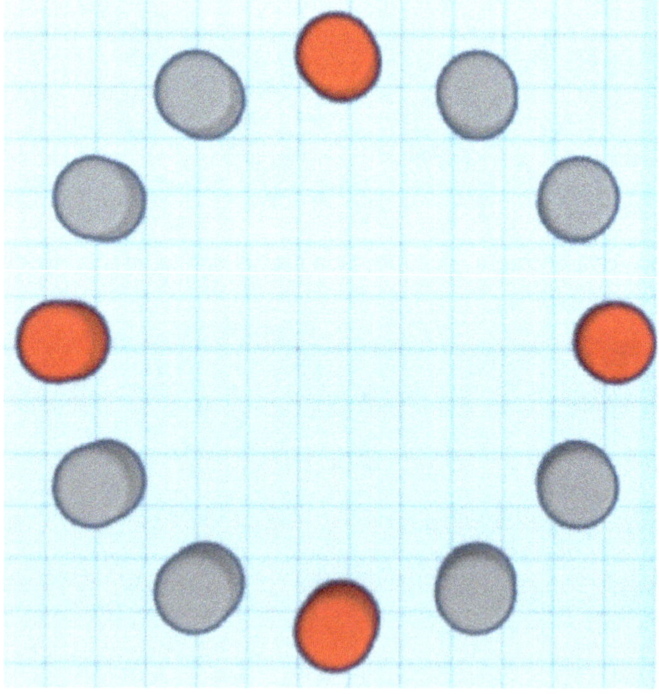

Pour compléter le cadran, nous avons besoin de l'aiguille des heures, de l'aiguille des minutes, de l'aiguille des secondes et d'un point de fixation pour ces aiguilles. Avec le mot-clé "Arrow", nous trouvons deux pointes de flèches différentes, dont nous plaçons une sur notre plan de travail. En plus de cela, nous avons besoin d'un objet cylindrique pour le corps des pointeurs.

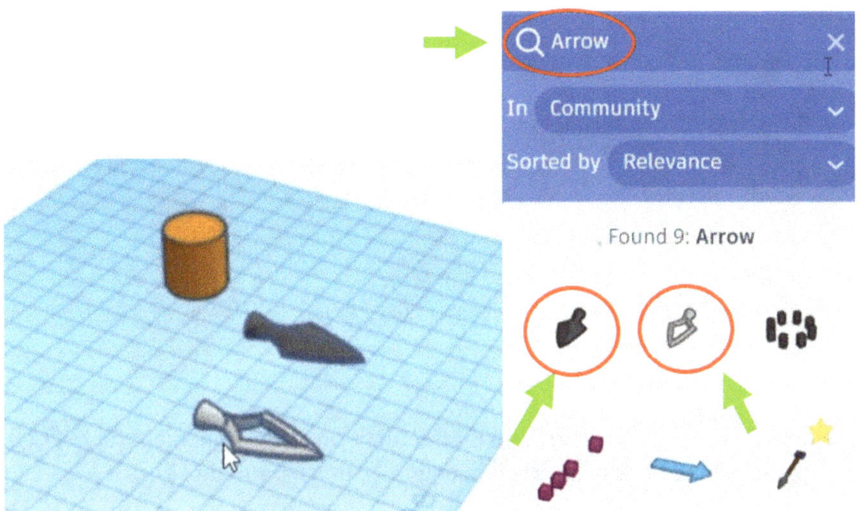

Nous modifions les dimensions du corps cylindrique à 7 mm pour la longueur et la largeur, nous laissons la hauteur à la valeur par défaut. Ensuite, nous définissons le paramètre "Sides" sur la valeur 64 et nous dupliquons et faisons tourner le corps cylindrique pour obtenir le résultat suivant.

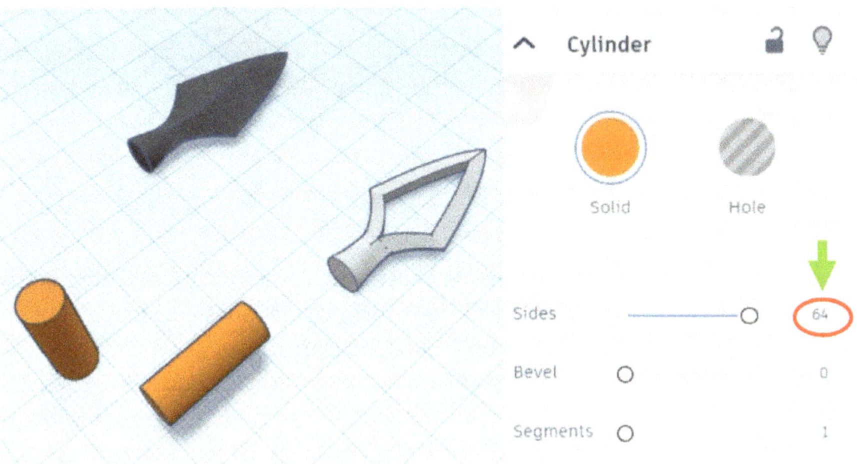

Maintenant, nous pouvons utiliser la commande "Workplane tool" pour placer le corps cylindrique sur la pointe du pointeur. Pour cela, tu peux appuyer sur la touche "W" comme raccourci, puis sélectionner le plan ① de la pointe du pointeur, puis sélectionner le corps cylindrique ② et enfin appuyer sur la touche "D" pour effectuer le positionnement.

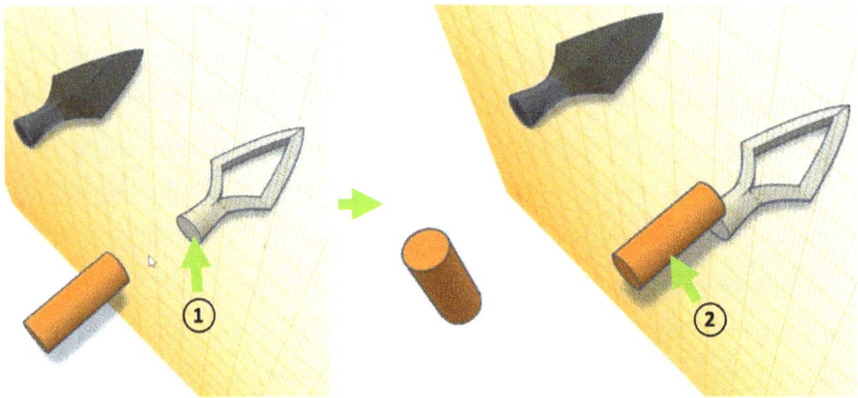

A l'aide de la commande "Align", nous effectuons un autre alignement (① et ②). Ensuite, nous modifions encore la longueur à 26 mm à partir de ③.

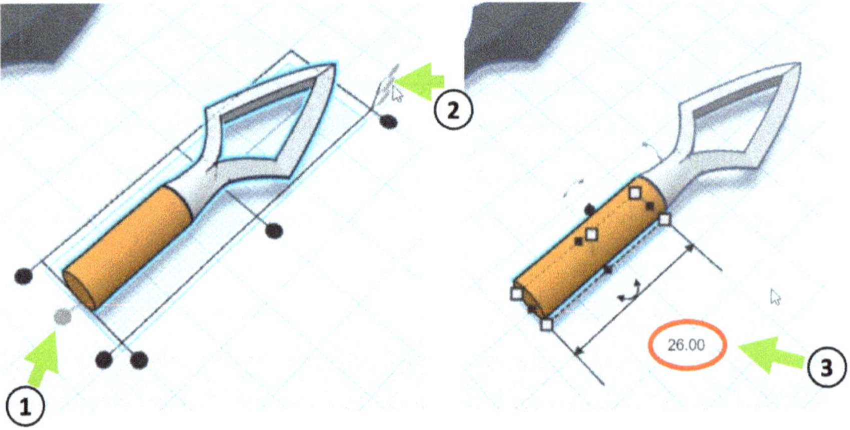

Nous devons maintenant faire la même chose avec l'autre pointe et l'autre corps cylindrique. Ensuite, nous colorons les deux corps cylindriques respectivement en blanc et en gris, pour obtenir deux pointeurs unicolores.

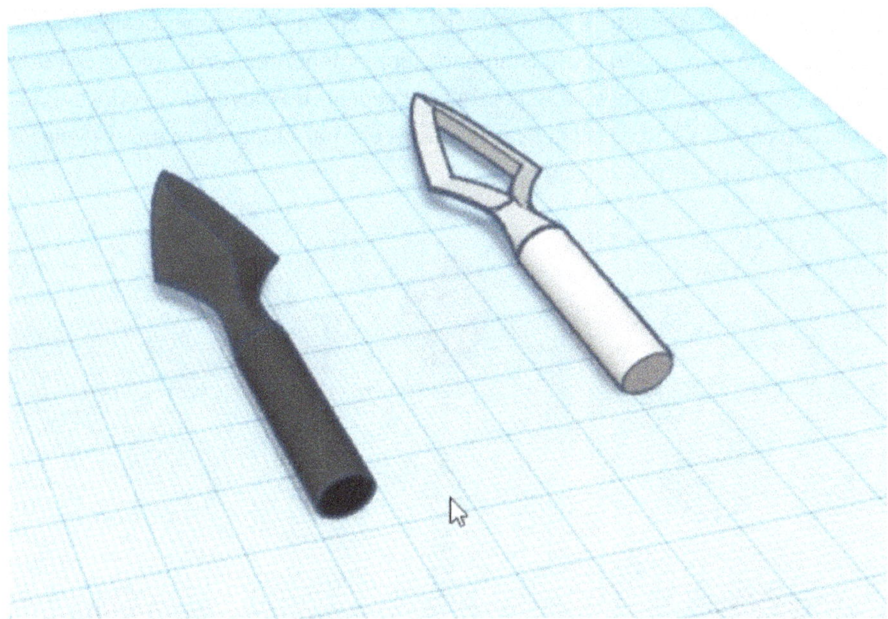

Dans l'étape suivante, nous nous occupons du point de fixation des aiguilles, plus précisément du moyeu du mouvement. Pour cela, nous utilisons à nouveau un corps cylindrique dont les dimensions (longueur, largeur, hauteur) sont modifiées à 10 mm. Ensuite, nous utilisons les commandes "Duplicate and repeat" ainsi que "Mirror", "Group" et "Align" pour positionner les aiguilles sur le moyeu de l'horloge comme indiqué. Tu peux aussi jouer avec la longueur et la taille des aiguilles en les faisant glisser avec la souris. A la fin, cela ne doit plaire qu'à toi !

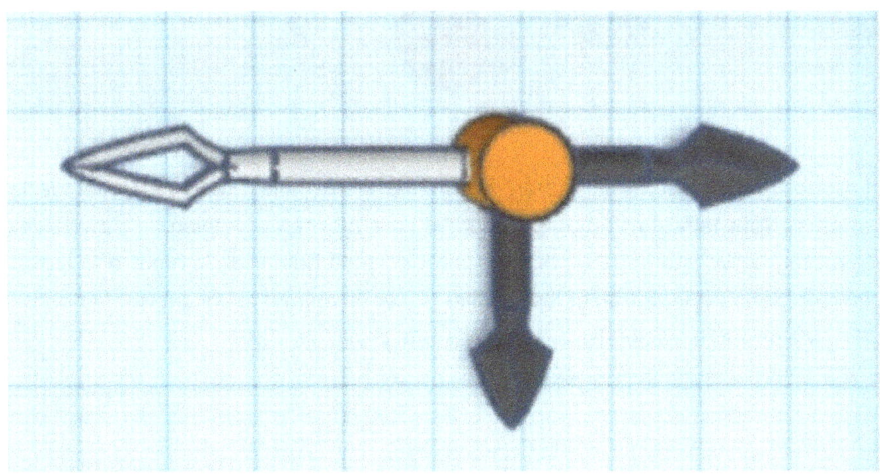

L'étape suivante consiste à faire glisser le cadran dans la bonne position et, si nécessaire, à faire quelques ajustements supplémentaires sur la longueur ou la forme des aiguilles. Tu peux aussi changer la couleur du moyeu de l'horloge. Pour finir, nous devons encore aligner ces objets les uns par rapport aux autres ("Align") et les regrouper entre eux ("Group").

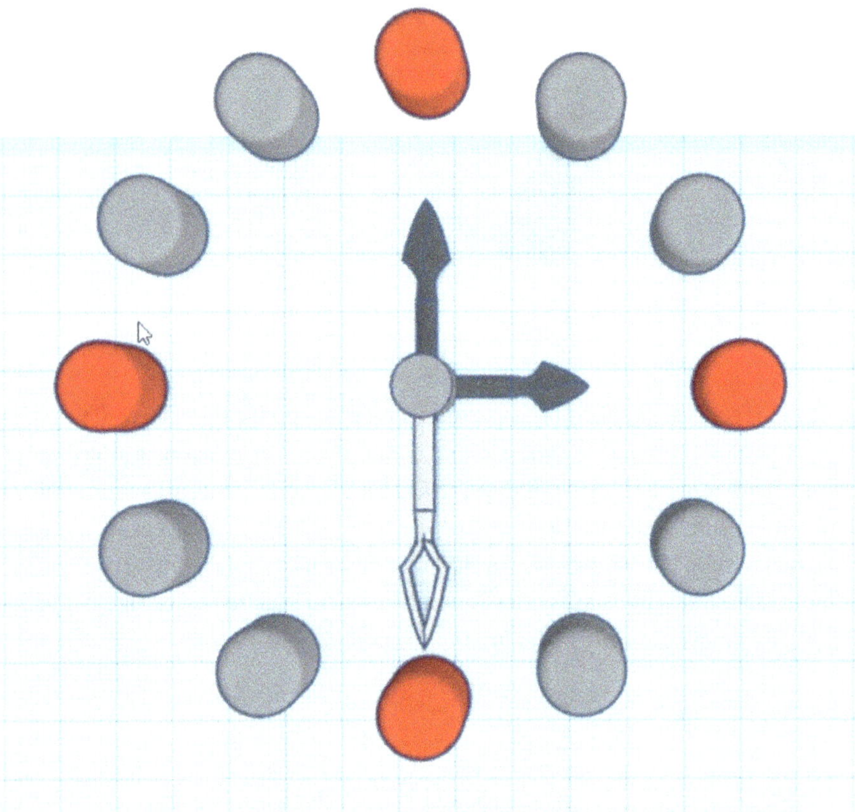

Ensuite, nous montons le cadran, y compris les aiguilles, dans le boîtier de la montre. Nous le faisons en plaçant dans un premier temps le plan de travail avec le raccourci "W" sur la partie blanche intérieure du boîtier de la montre ①, puis en sélectionnant le cadran et les aiguilles ② et en appuyant ensuite sur le bouton "D". Maintenant, les objets se trouvent sur le bon plan.

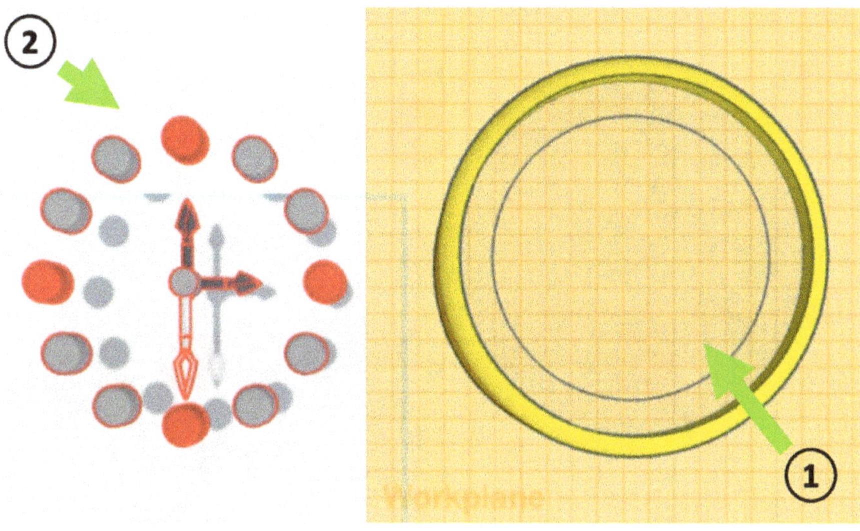

Avant d'utiliser ensuite la commande "Align" pour la suite de l'alignement, nous dupliquons d'abord encore le fond blanc du cadran ① et déplaçons le duplicata ② vers le haut. Nous en aurons besoin plus tard comme écran frontal.

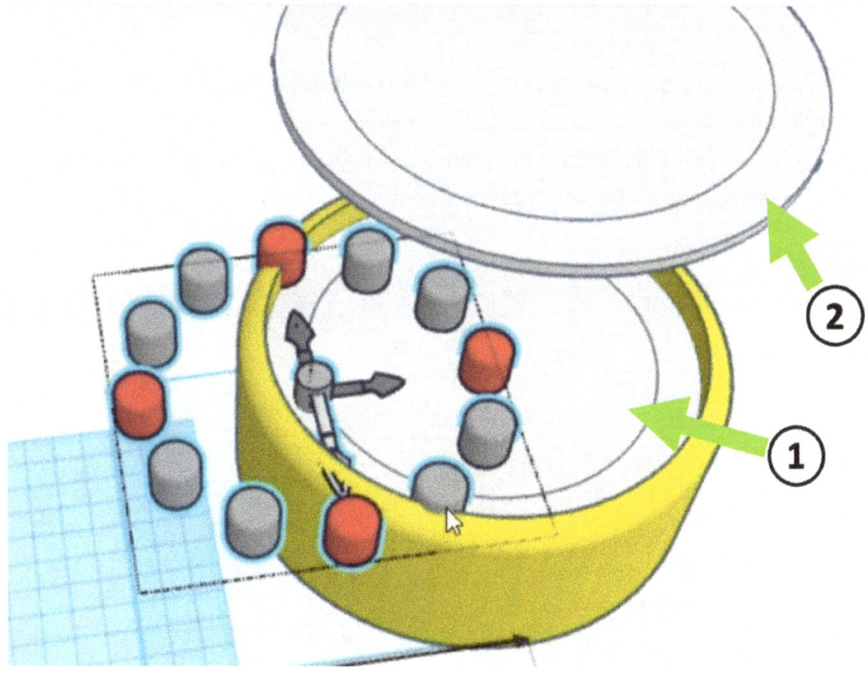

Une fois aligné, notre réveil rétro devrait ressembler à ceci :

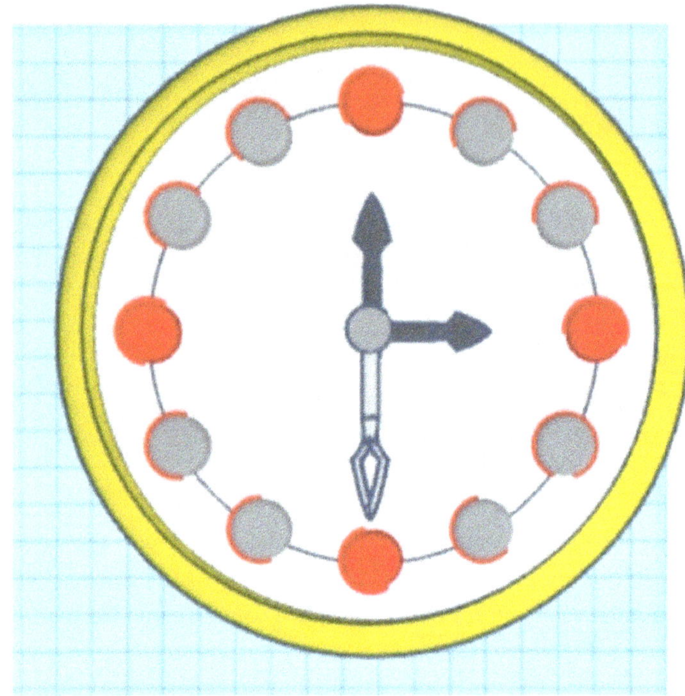

Pour créer le pare-brise mentionné précédemment, nous modifions la longueur et la largeur de l'objet dupliqué à 140 mm chacune. Nous réduisons la hauteur à 1 mm. De plus, nous augmentons le paramètre "Segments" à 10 et activons l'option "Transparent" dans les paramètres de couleur.

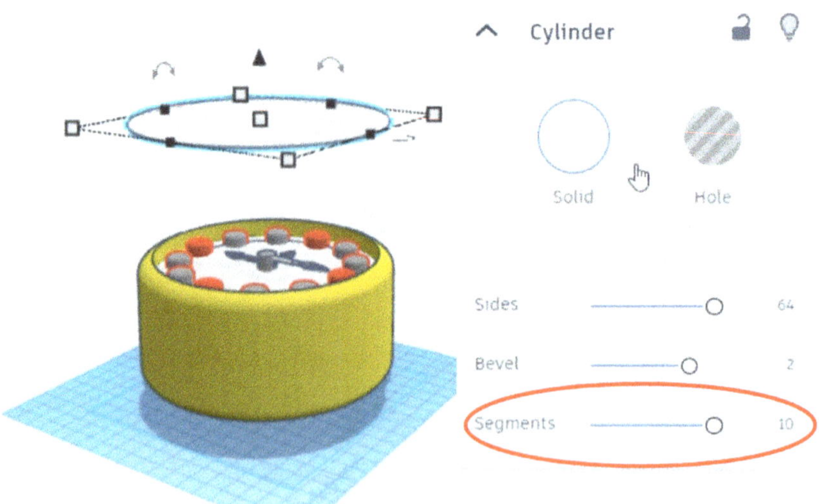

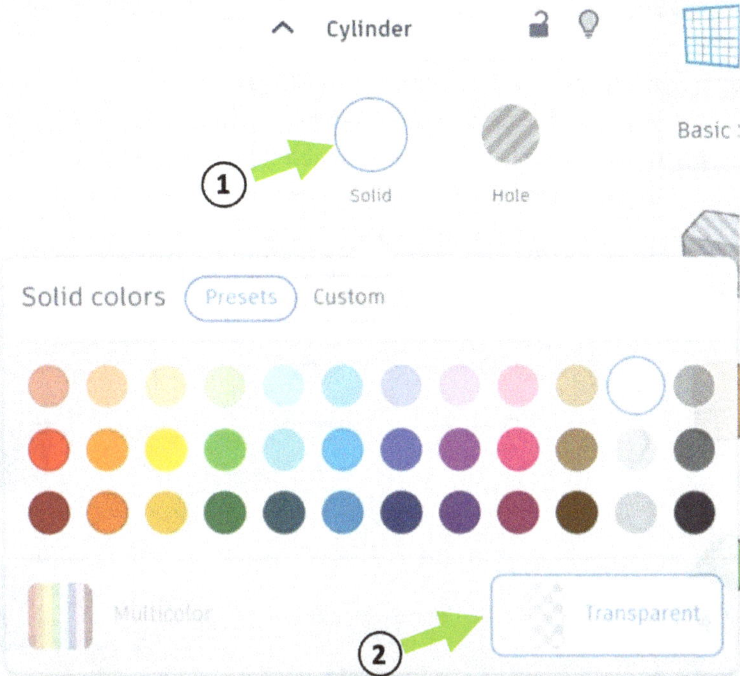

Ensuite, nous centrons le disque avec la commande "Align" et le déplaçons un peu vers le bas dans la bonne position.

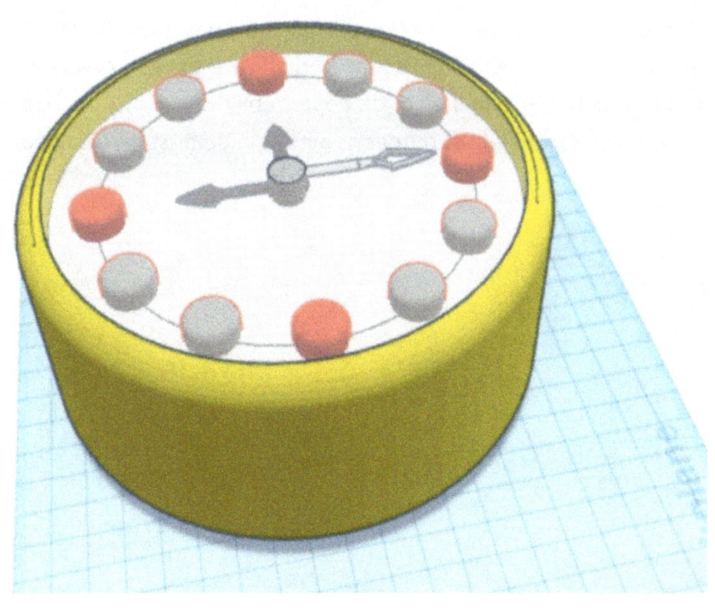

4.3 Les cloches, le marteau et l'interrupteur du réveil

Excellent ! Ensuite, après avoir regroupé tous les objets précédents (choisir l'option : "Multicolor"), nous nous occupons des cloches du réveil rétro. Pour cela, nous utilisons comme corps de base une demi-sphère ①, que nous pouvons trouver dans la bibliothèque de formes. Ensuite, tu peux choisir une couleur (par exemple le gris) et modifier les dimensions. Nous avons besoin de 68 mm pour la longueur et la largeur (② et ③) et de 17 mm pour la hauteur ④ de la demi-sphère.

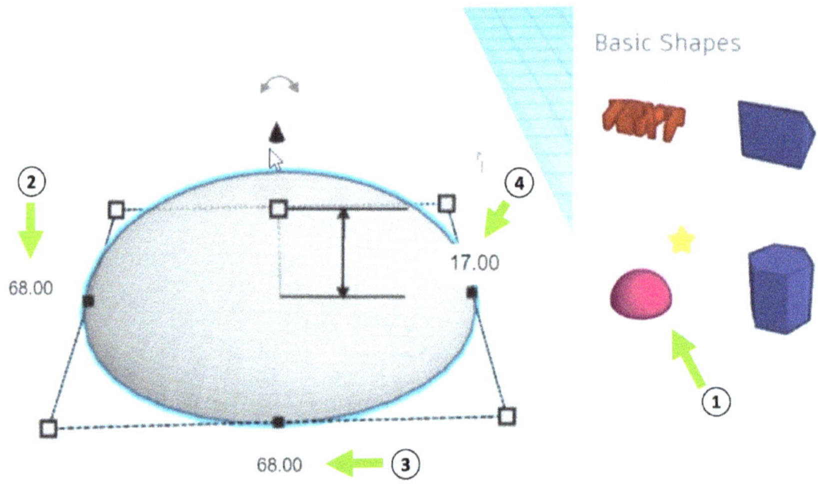

Pour creuser la demi-sphère solide, nous utilisons une astuce simple. Nous dupliquons la demi-sphère, déplaçons le duplicata de 3 mm vers le haut ② et changeons le paramètre de l'objet de départ en "Hole" (③ et ④). Ensuite, nous regroupons les deux objets et obtenons ainsi une demi-sphère évidée.

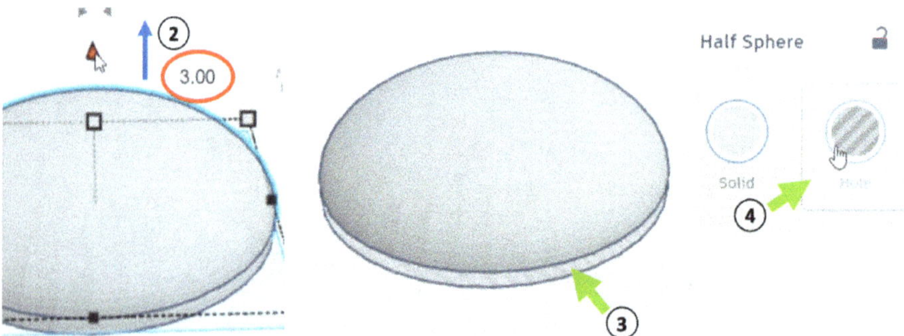

Pour pouvoir monter cette cloche sur le réveil rétro, nous avons encore besoin d'une suspension à l'étape suivante, que nous créons à partir d'un corps cylindrique ① et d'un paraboloïde ②.

Les dimensions du corps cylindrique sont de 5 mm pour la longueur et la largeur et de 70 mm pour la hauteur. Nous laissons la hauteur du paraboloïde aux 20 mm prédéfinis, mais nous modifions la longueur et la largeur de 5 mm chacune.

Pour positionner les deux parties l'une sur l'autre, nous utilisons d'une part la commande "Workplane tool" et d'autre part les commandes "Align" ainsi que "Group". Tu sais sûrement déjà le faire tout seul. La suspension devrait alors ressembler à ceci.

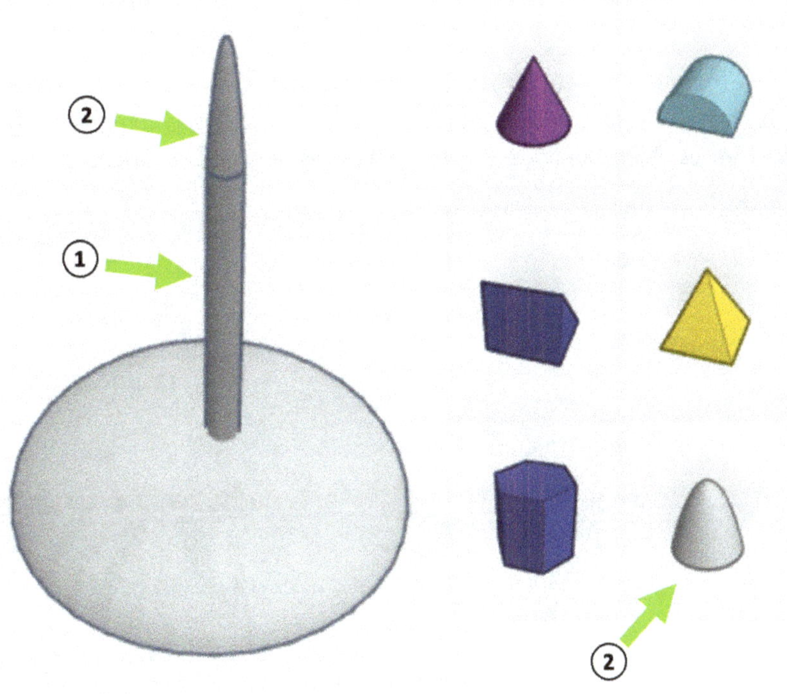

Maintenant, nous devons encore pousser la cloche un peu vers le haut, tu peux facilement déterminer la position à l'œil nu.

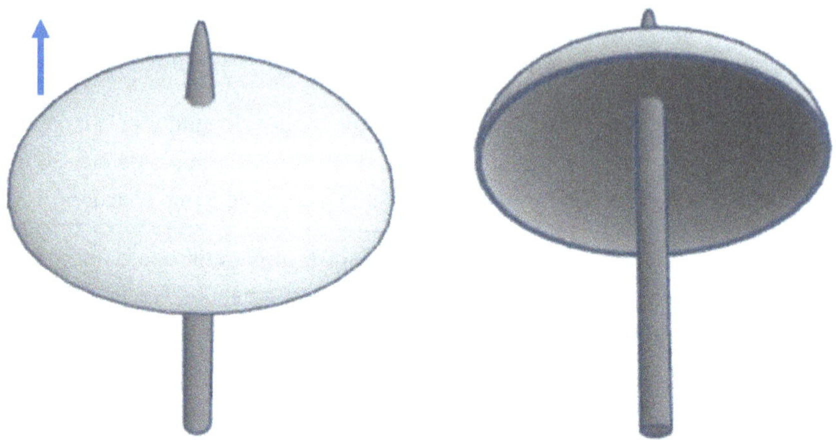

Ensuite, nous tournons (22,5°) et dupliquons la cloche, y compris la suspension, car nous en avons besoin de deux au total. Nous utilisons aussi la commande "Mirror" pour que les objets dupliqués soient positionnés de manière opposée.

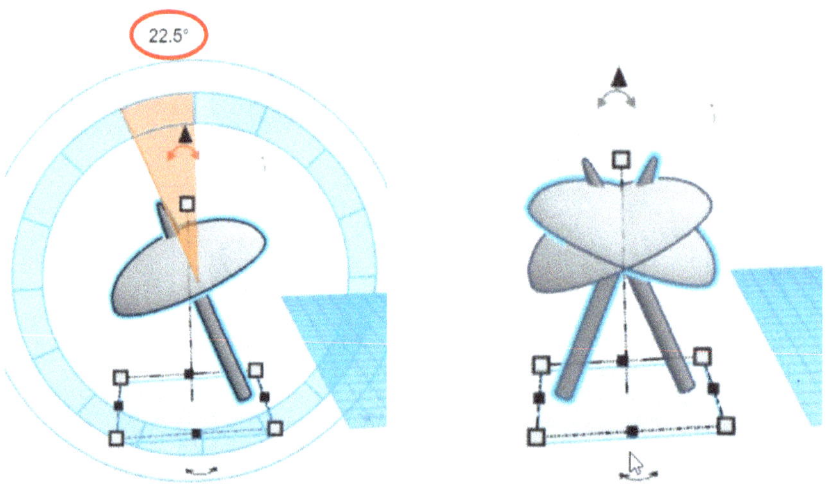

Ensuite, nous devons déplacer légèrement les objets dupliqués sur le côté. Nous devons aussi faire pivoter le réveil pour qu'il soit à la verticale. Ensuite, nous pouvons déplacer les deux cloches vers le haut du réveil et les centrer l'une par rapport à l'autre avec la commande "Align".

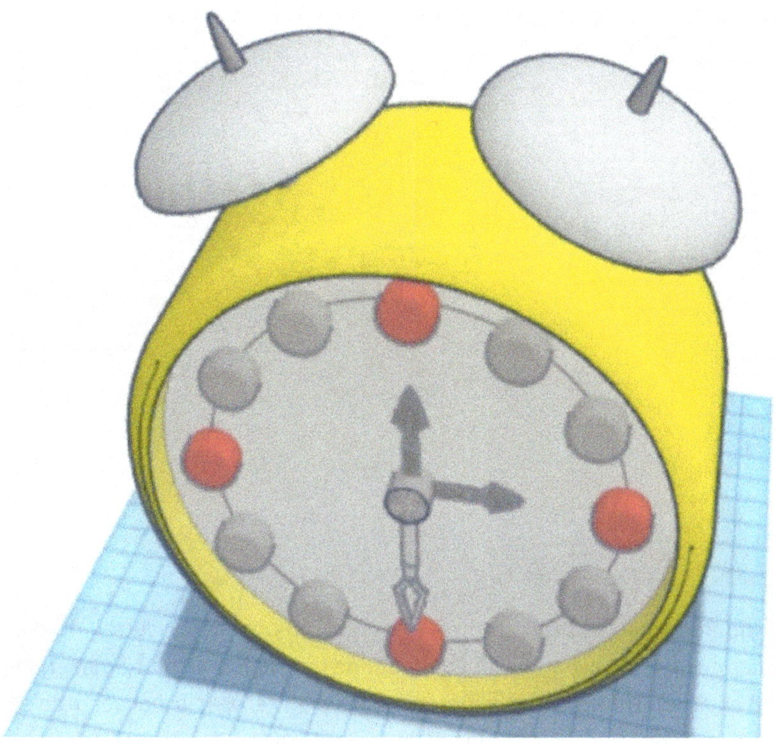

Nous allons maintenant créer le marteau du réveil. Nous le composerons de deux corps de base cylindriques. L'un d'eux doit mesurer 5 mm de large et de long et 60 mm de haut ①, l'autre 15 mm de large et de long et 20 mm de haut ②. Nous tournons le corps le plus épais de 90 degrés et le positionnons sur le corps long et étroit. Nous changeons aussi les couleurs.

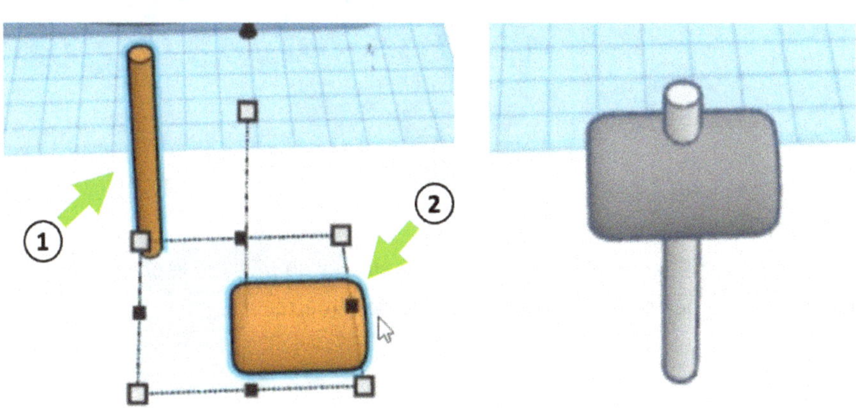

Tu peux ensuite regrouper le marteau (activer l'option : "Multicolor" dans les paramètres de couleur) et le positionner entre les cloches du réveil.

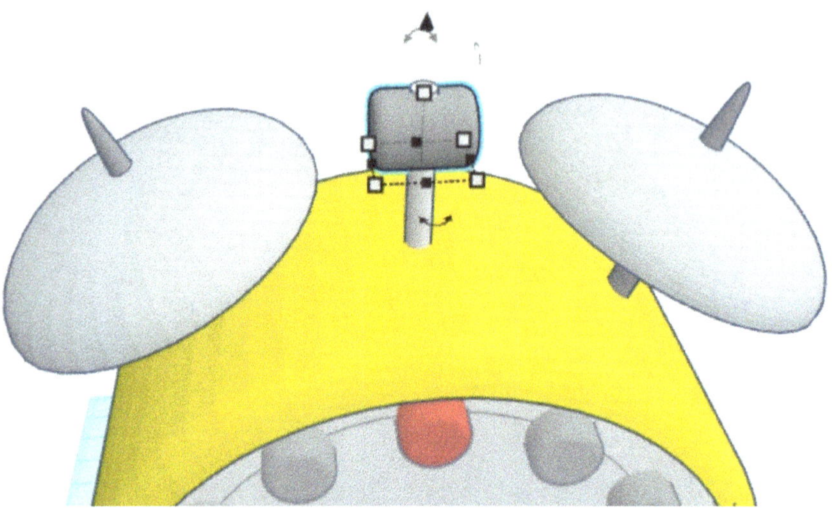

Pour le bouton marche/arrêt du réveil, nous créons deux autres formes cylindriques qui doivent avoir une longueur et une largeur d'environ 12 mm et une hauteur d'environ 20 mm. Nous tournons l'une d'entre elles à nouveau de 90 degrés. Ensuite, nous positionnons les deux corps de manière à former une croix. Nous changeons également la couleur, par exemple en blanc, et regroupons les deux corps.

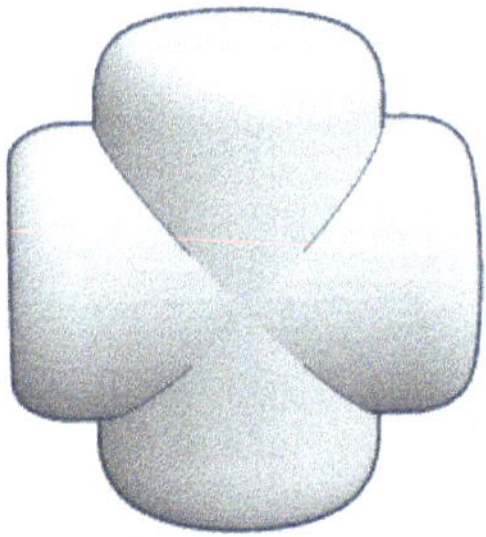

Ensuite, nous déplaçons l'interrupteur sur le dessus du réveil et le plaçons dans la partie avant, à peu près au milieu, devant le petit marteau.

4.4 Les pieds et l'arrière du réveil

Maintenant, nous avons presque terminé ce projet. Il ne nous reste plus qu'à créer un couvercle pour l'arrière du réveil et deux pieds. Pour l'arrière du réveil, nous dupliquons le boîtier jaune et le déplaçons légèrement vers l'arrière. Si tu as déjà regroupé les pièces, tu dois annuler le regroupement pour cela.

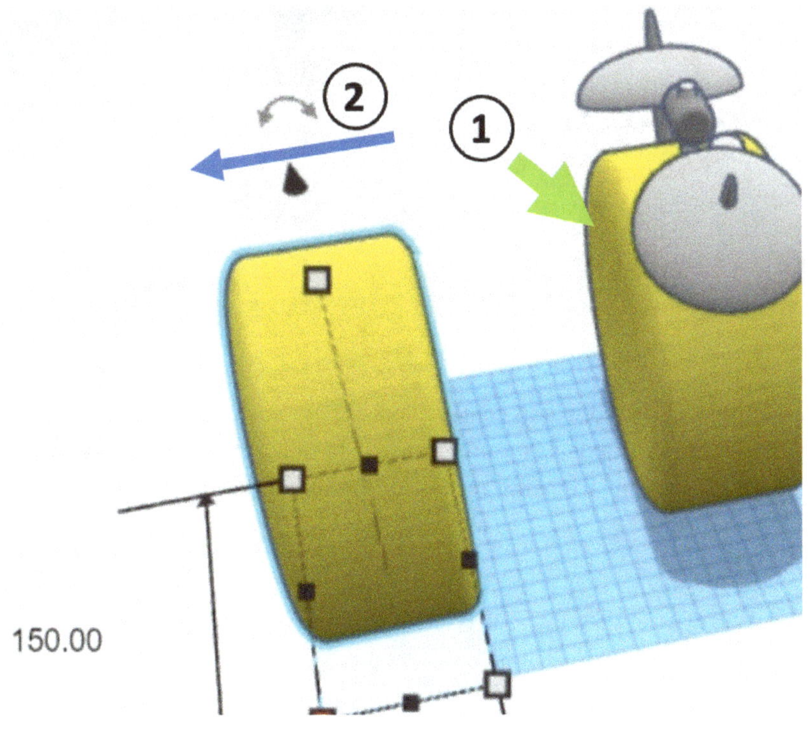

Ensuite, nous modifions les dimensions. L'épaisseur de la pièce ne doit plus être que de 10 mm, les deux autres dimensions de 140 mm chacune.

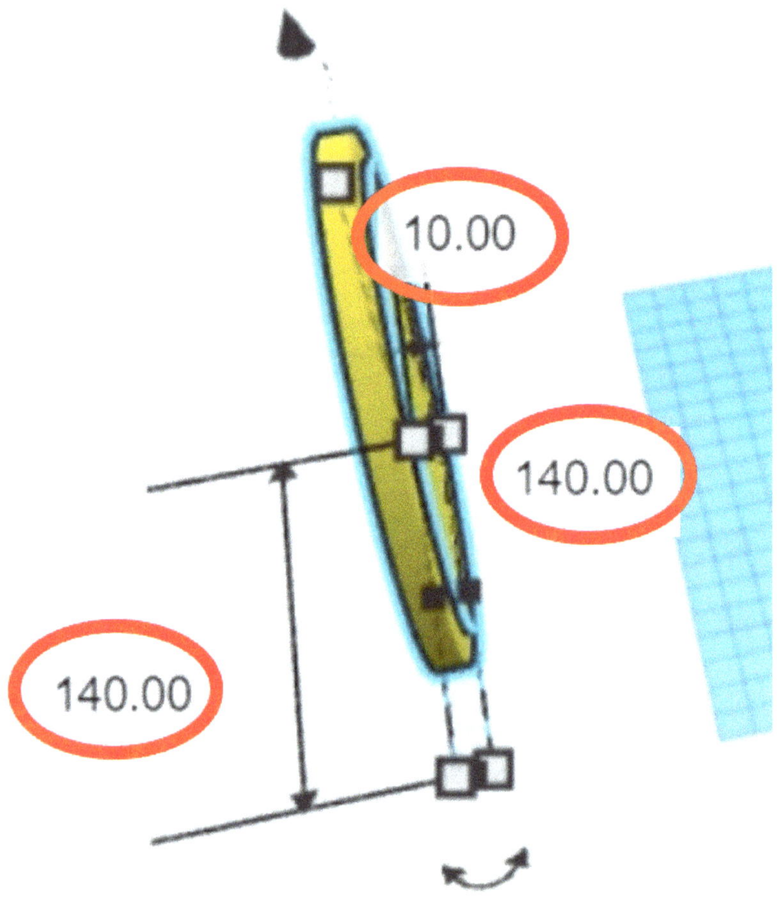

Ensuite, nous choisissons une couleur appropriée, par exemple le noir, et nous positionnons le couvercle à l'arrière du réveil en utilisant la commande "Align" et en effectuant des déplacements avec la souris et le clavier.

Ensuite, nous créons les pieds du réveil. Nous les composons de deux corps. Nous avons besoin d'un corps cylindrique ① de 15 mm de long et de large et d'environ 23 mm de haut et d'un paraboloïde ② de 15 mm de long et de large et de 7 mm de haut. Nous assemblons les deux corps comme indiqué.

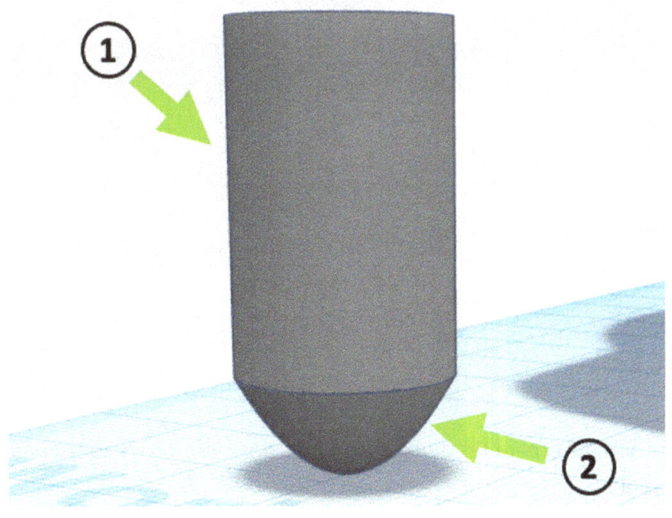

Ensuite, deux rotations ont lieu. D'abord, nous tournons les corps groupés de -22,5 degrés vers l'arrière et ensuite de 22,5 degrés vers la droite.

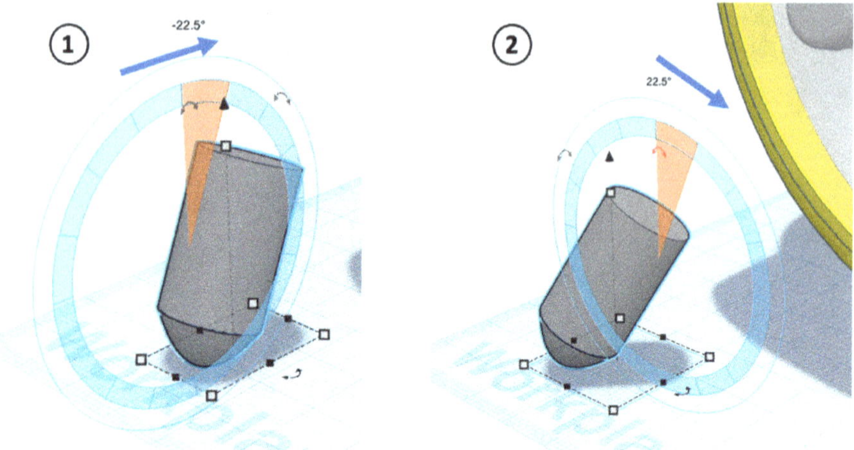

Dans les étapes suivantes, nous utilisons les deux commandes "Duplicate and repeat" ainsi que "Mirror" pour créer le deuxième pied qui doit être dirigé dans l'autre sens.

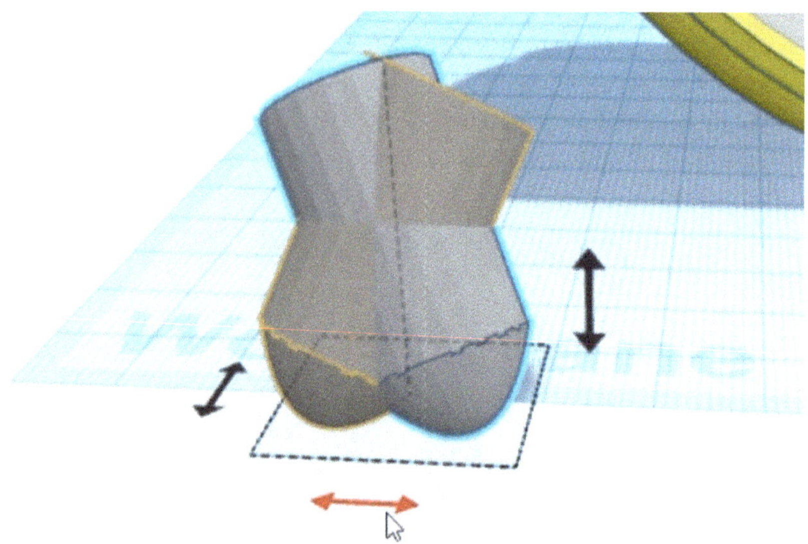

Nous écartons légèrement les deux pieds et les positionnons d'abord dans la partie avant du réveil.

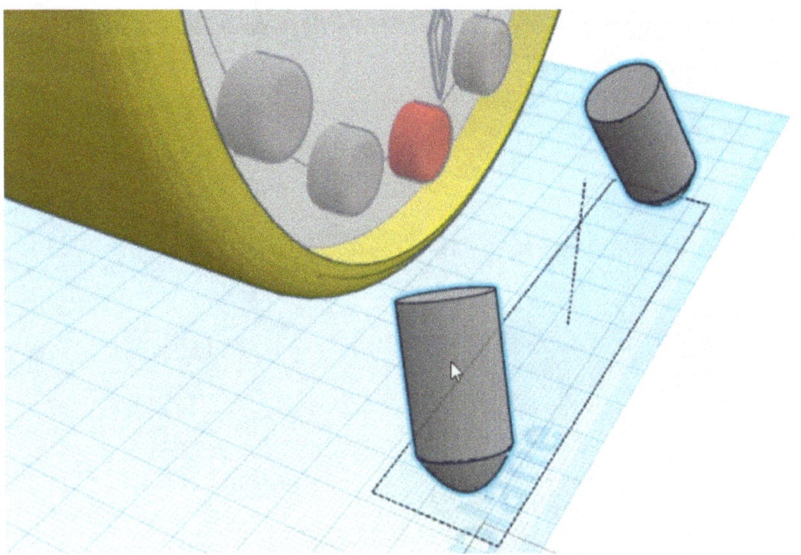

Avant de positionner les pieds sous le réveil, marque tous les objets du réveil (sauf les pieds) et tourne l'ensemble du réveil d'environ 12 degrés vers l'arrière.

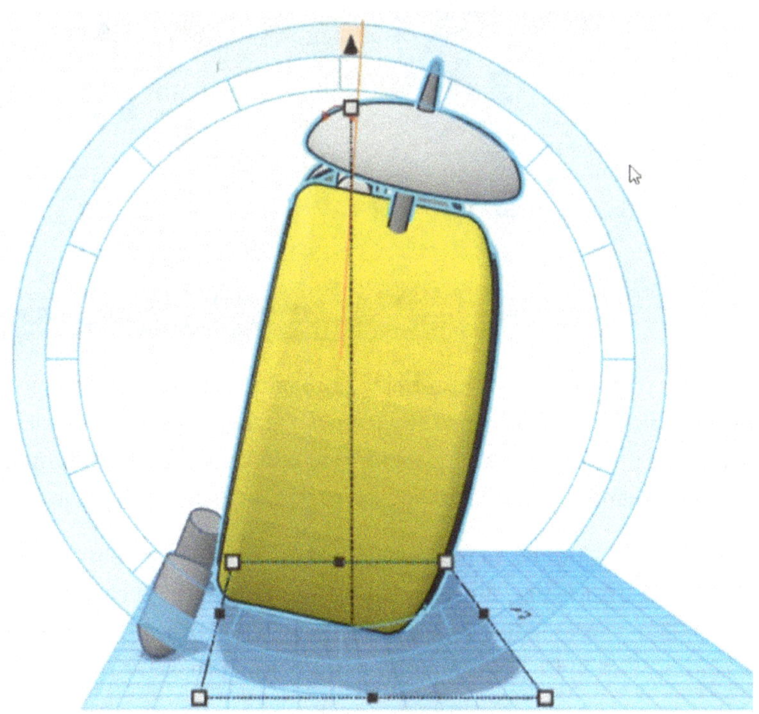

Ensuite, nous pouvons déplacer les pieds vers l'arrière pour qu'ils soient placés dans la zone avant, sous le réveil.

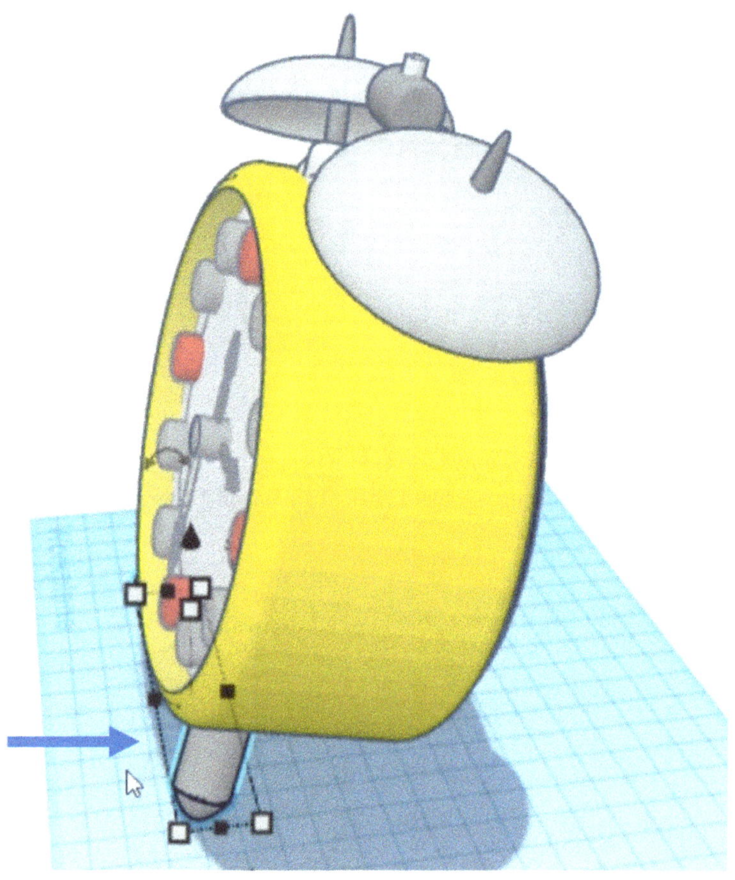

Excellent travail ! Nous avons terminé ce chapitre avec succès. Comme tu l'as peut-être remarqué, les étapes de cet exemple n'étaient plus aussi détaillées que dans les projets précédents. Cela t'aidera à avoir plus confiance en tes propres capacités et à appliquer de manière plus autonome ce que tu as appris jusqu'à présent.

Mais c'est aussi tout à fait normal si tu as encore eu des difficultés à créer ton modèle. Si c'est le cas, il est préférable de retravailler le chapitre, voire le livre entier, une deuxième fois depuis le début. Si tu n'as pas eu de problèmes, tu peux maintenant attendre avec impatience le prochain projet !

Chapitre 5 | Modèle 3D Projet 4 : jante

Le projet de ce chapitre sera un peu plus court que les deux objets précédents. Mais il n'est pas nécessairement moins complexe pour autant. Dans ce projet, nous voulons créer le modèle 3D d'une jante de voiture. Tu trouveras le modèle terminé en cliquant sur le lien suivant :

https://tinyurl.com/bdhan49h

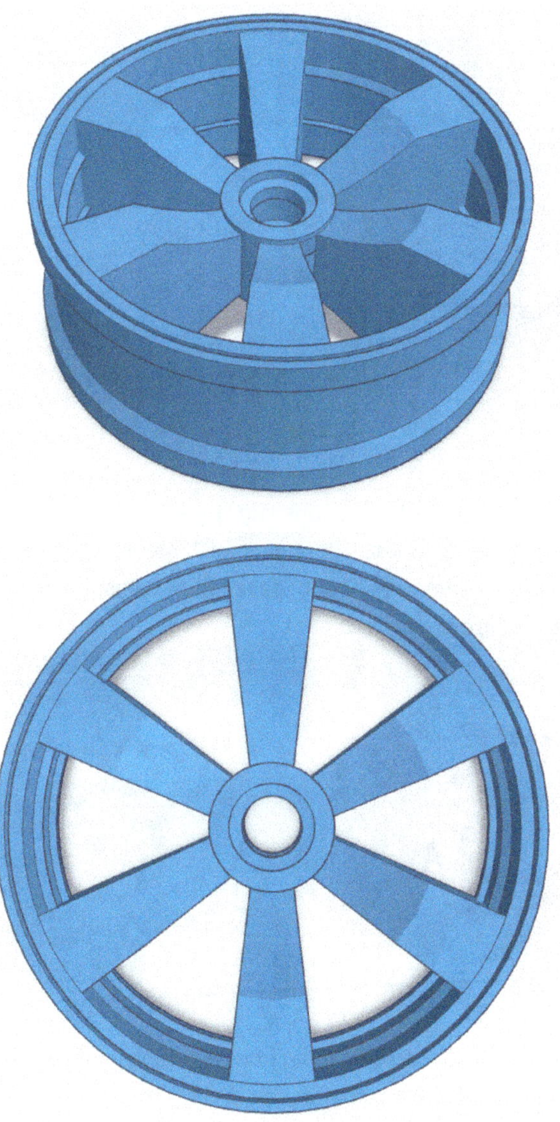

Pour la jante, nous commençons d'abord par construire le corps de base. Ensuite, nous créerons l'intérieur de la jante.

5.1 Le corps de base de la jante

Pour le corps de base, nous avons besoin d'une forme conique dont nous modifions les dimensions comme suit. Les dimensions de la base doivent être de 82 mm et la hauteur de 4 mm. Nous modifions également le paramètre "Top Radius" à 9 mm et le paramètre "Sides" à 64 mm.

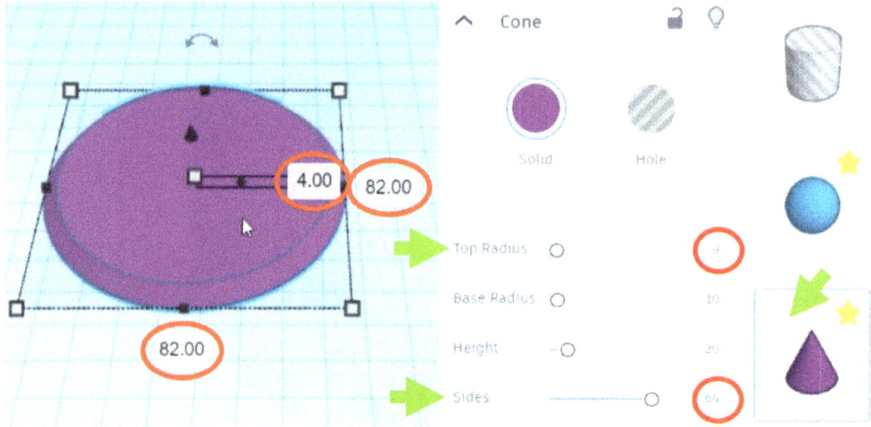

Nous dupliquons cet objet et le réglons sur "Hole". De plus, nous modifions les dimensions de la base du double (longueur et largeur) à 79,5 mm chacune. La hauteur et les autres paramètres ne sont pas modifiés. Ensuite, nous déplaçons ces deux corps vers l'arrière pour le moment.

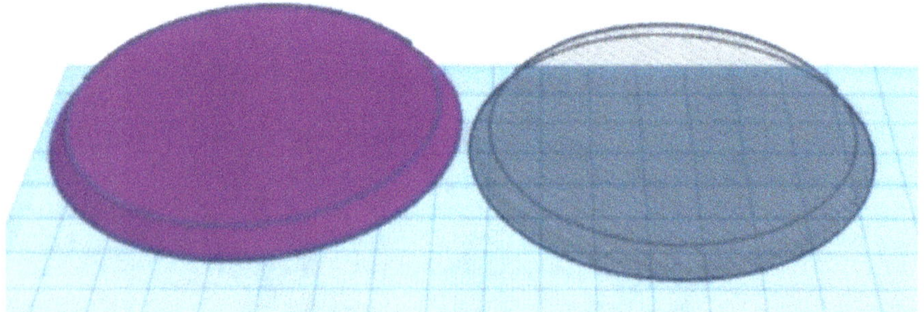

Pour la deuxième partie du corps de base, nous avons besoin d'un corps cylindrique dont la longueur et la largeur sont réglées à 82 mm et la hauteur à 5 mm. Le paramètre "Sides" doit prendre la valeur 64 pour ce corps. Après avoir dupliqué ce corps, l'avoir réglé sur "Hole" dans ses paramètres et avoir modifié la longueur et la largeur du double à 79,5 mm, nous centrons et regroupons les corps correspondants. Tu obtiens ainsi deux anneaux.

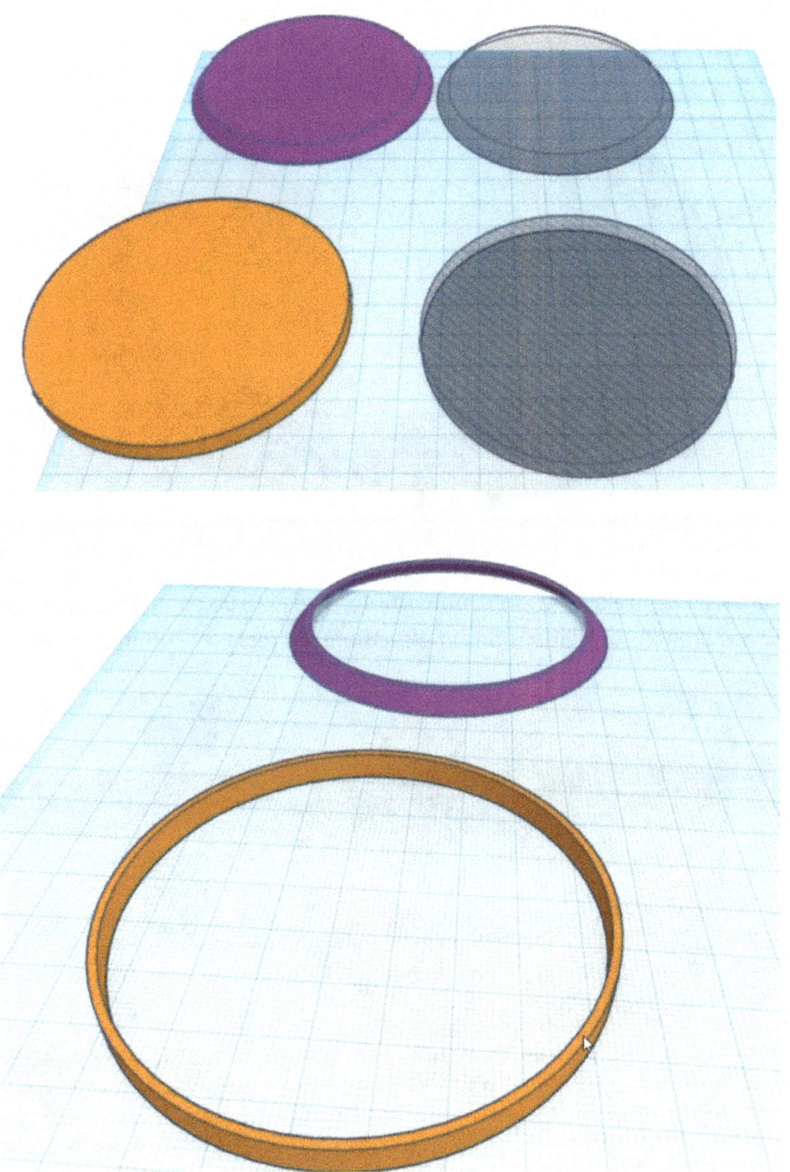

A partir de ces deux anneaux, nous pouvons maintenant créer la première partie du corps de base extérieur de la jante. Pour cela, dans un premier temps, nous plaçons l'anneau conique sur l'anneau cylindrique et dans un deuxième temps, nous centrons les deux à l'aide de la commande "Align". Pour le positionnement, utilise aussi de préférence la commande "Workplane Tool" pour créer un plan de travail sur la surface supérieure de l'anneau cylindrique et placer ensuite l'anneau conique sur ce plan à l'aide du bouton "D".

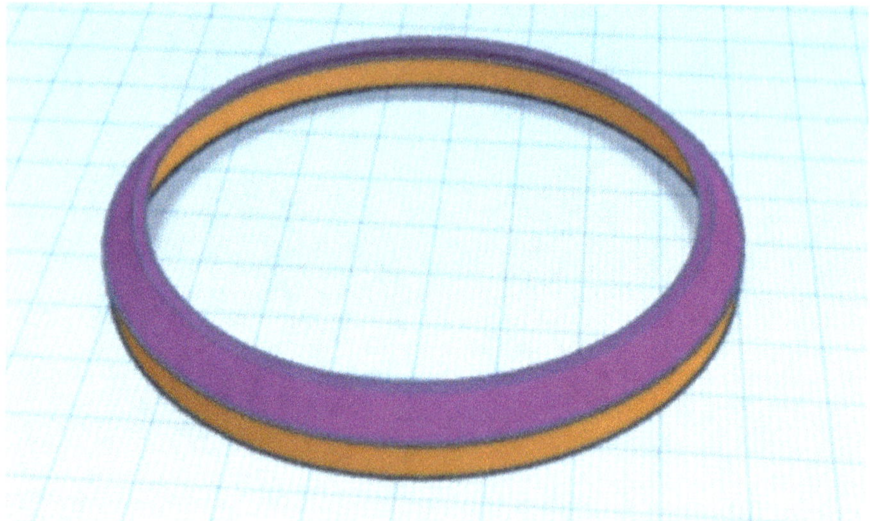

Pour la partie centrale de la jante, nous utilisons ensuite un corps tubulaire "Tube", dont nous prenons les dimensions et effectuons les réglages comme indiqué.

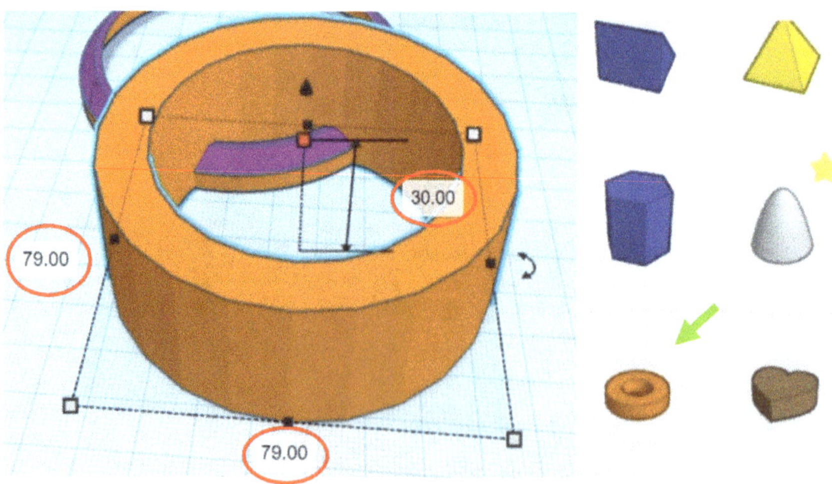

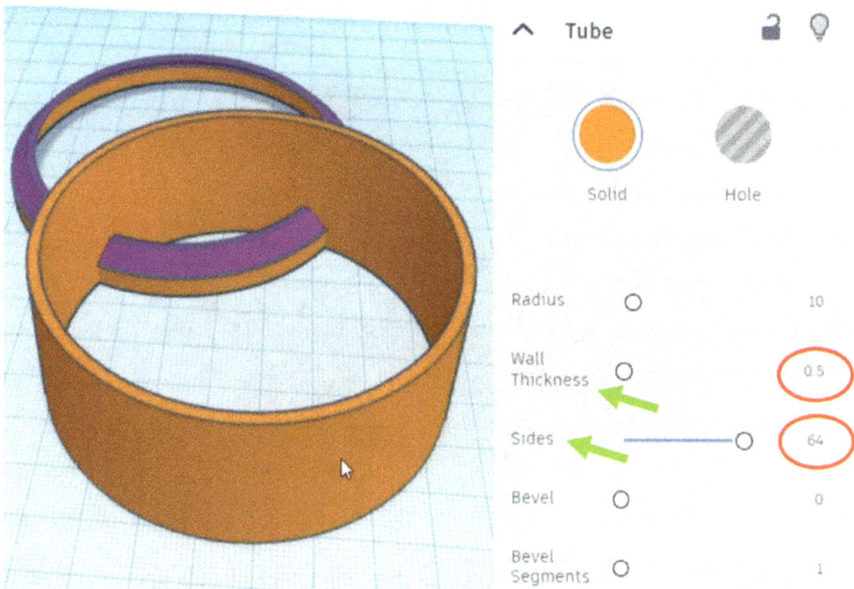

En utilisant la commande "Align", nous pouvons alors centrer tous les corps créés jusqu'à présent.

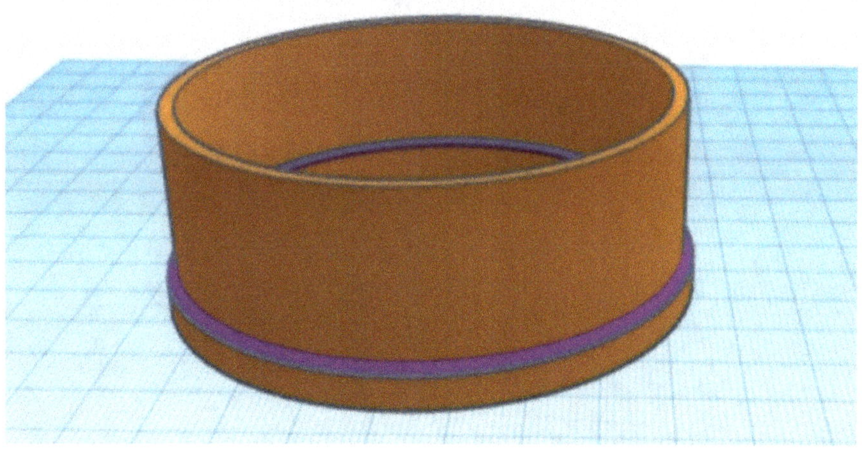

Dans l'étape suivante, nous dupliquons et inversons l'objet créé jusqu'à présent en utilisant les raccourcis "CTRL+D" et "M". Notre objectif est que la partie supérieure du corps soit exactement opposée à la partie inférieure. Nous y parvenons en sélectionnant la flèche représentée lors de la mise en miroir.

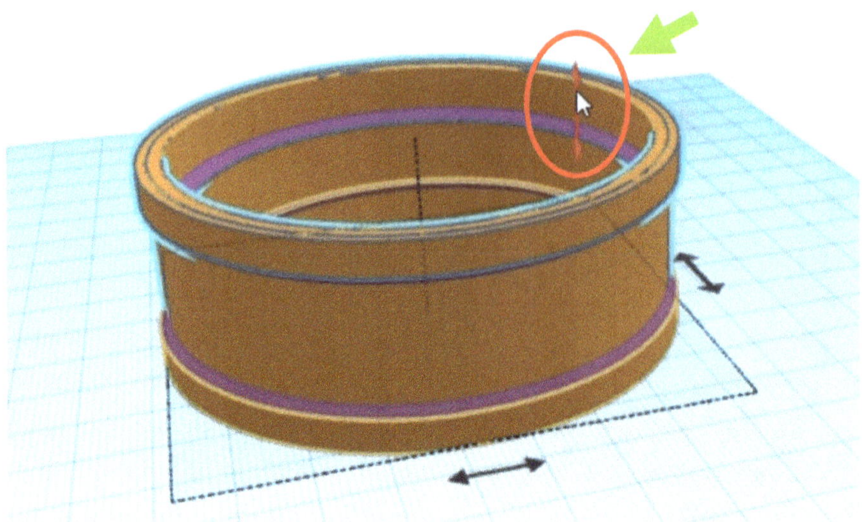

Ensuite, nous pouvons modifier la couleur de l'objet créé jusqu'à présent comme indiqué. Et comme il m'arrive aussi de faire des erreurs, je réduis les dimensions de base du corps central tubulaire (blanc) de 1 mm pour atteindre les 78 mm dont j'ai réellement besoin.

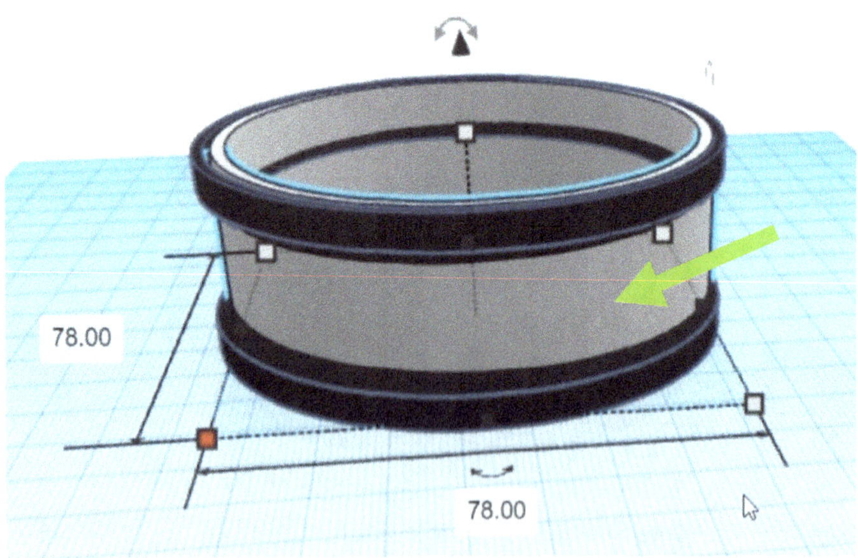

Après cela, tu devras peut-être recentrer les objets et tu pourras d'abord les déplacer sur le côté ou vers l'arrière.

5.2 La partie intérieure de la jante et l'assemblage

Pour la partie intérieure de la jante, nous créons d'abord les entretoises, dont la base est un corps en forme de cube. Celui-ci doit mesurer 32 mm de long, 14 mm de large et 15 mm de haut.

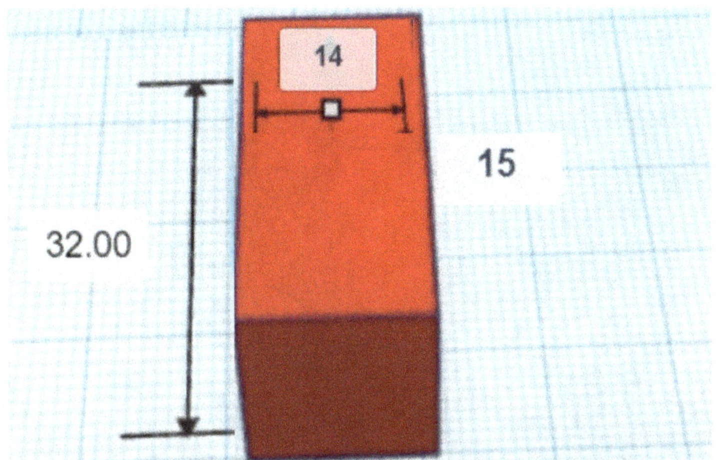

Ensuite, nous coupons deux parties des faces latérales de ce corps pour changer la forme. Nous faisons cela avec un corps en forme de cube avec le réglage "Hole", que nous tirons d'abord à 60 mm de longueur et que nous tournons ensuite de -6 degrés.

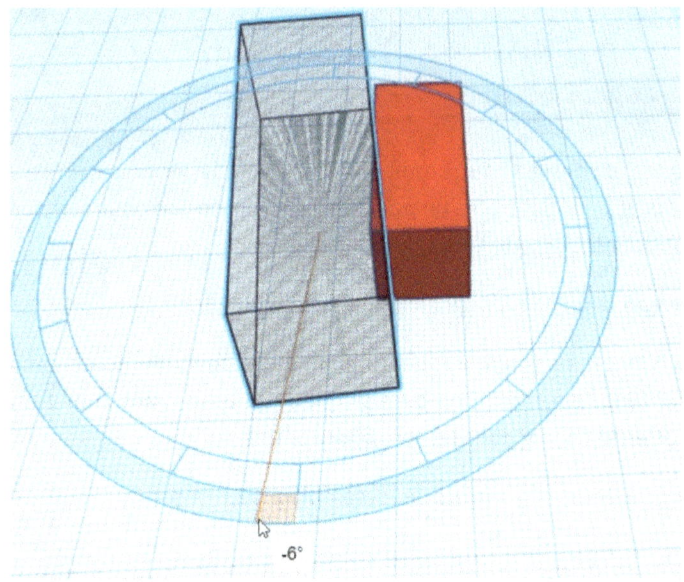

Ensuite, nous dupliquons et inversons le corps, de sorte que nous puissions également changer la forme du côté opposé. La disposition des deux corps doit alors se faire à peu près comme indiqué. Cela se fait à l'aide de la commande "Align" et en sélectionnant les deux points d'alignement centraux.

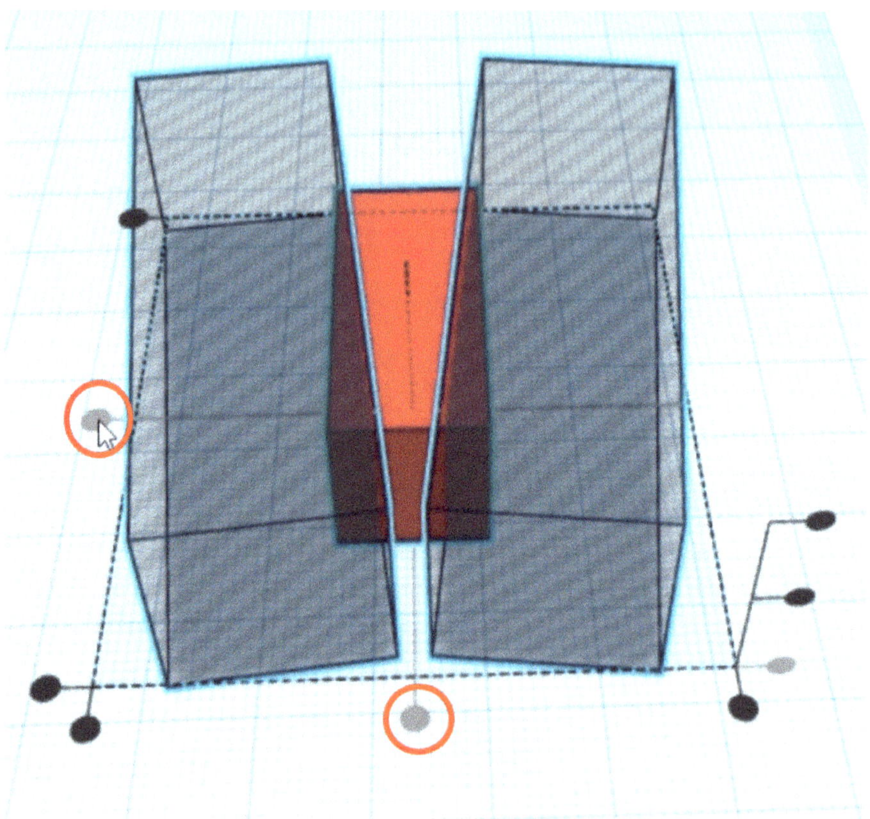

Comme cette disposition ne permet pas de voir la distance entre les corps transparents et peut donc être un peu difficile à reproduire pour certains, voici un lien qui contient la barrette terminée :

https://tinyurl.com/bde7ppea

Donc si tu n'as pas bien réussi l'agencement, tu peux vérifier ici en décomposant l'entretoise avec "Ungroup", ou bien simplement en copiant l'objet entier avec "CTRL+C" et en le collant dans ton projet avec "CTRL+V".

Après le regroupement, l'entretoise ressemblera alors à ceci.

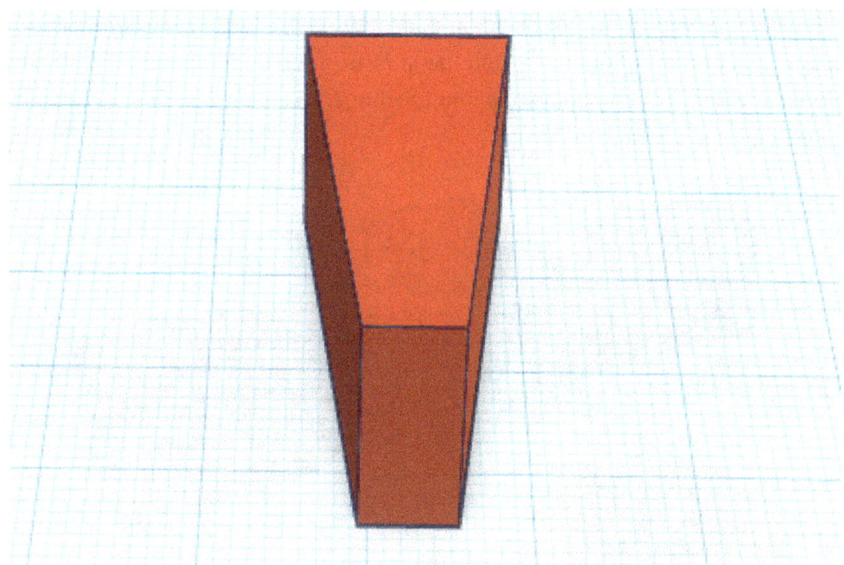

Nous avons maintenant besoin d'une multitude d'entretoises de ce type, que nous disposons en cercle autour d'un objet tubulaire. Dans l'étape suivante, nous allons donc chercher le corps tubulaire "Tube" sur notre plan de travail. Nous avons également besoin d'un cube (paramètre : "Hole") que nous utilisons comme espace entre deux barres opposées. Nous réduisons la longueur du cube à 14 mm, nous laissons les autres dimensions aux valeurs prédéfinies.

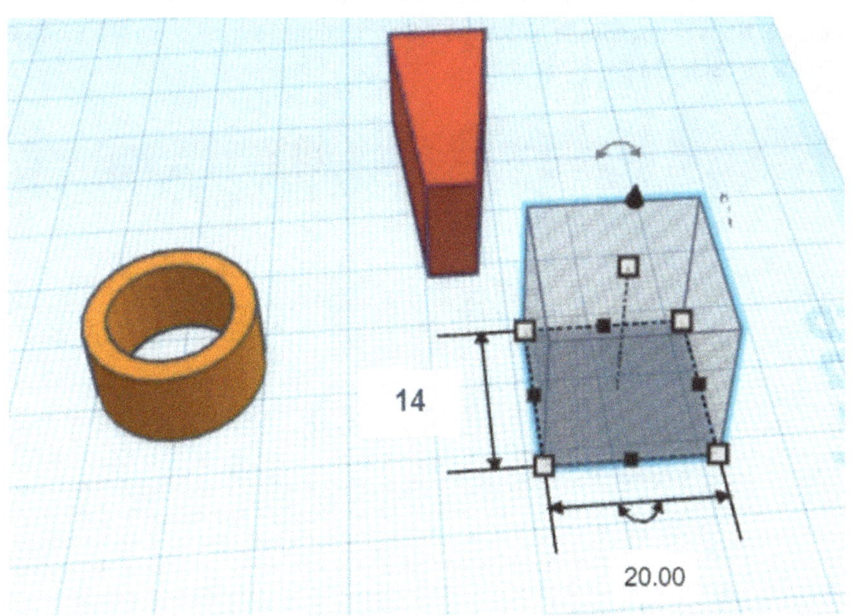

La deuxième barre opposée, dont j'ai parlé plus tôt, s'obtient facilement en la dupliquant et en la reflétant. La suite de la disposition se fait avec la commande "Workplane Tool" et en appuyant sur la touche "D". Le centrage se fait bien sûr à nouveau avec la commande "Align".

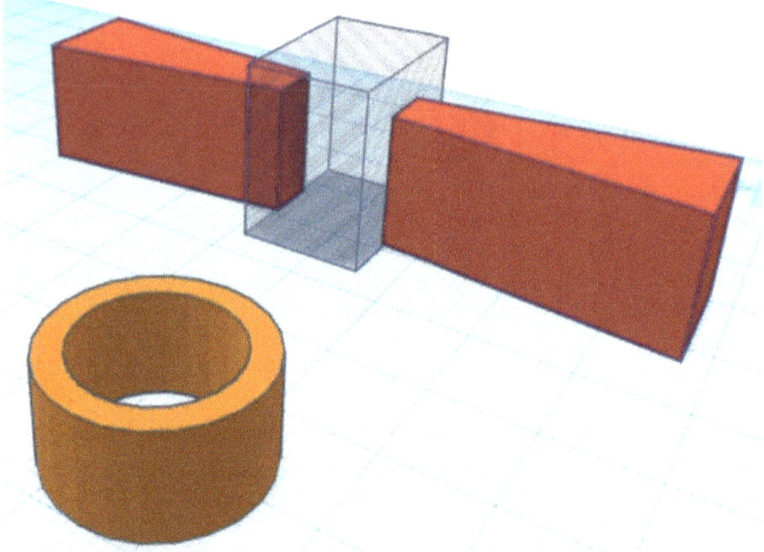

Ensuite, nous pouvons supprimer le corps en forme de cube qui n'a servi que d'espace réservé. Maintenant, nous apportons quelques modifications au corps tubulaire. Nous changeons la hauteur à 7,5 mm, l'épaisseur de la paroi à 5 mm et la valeur de "Sides" à 64.

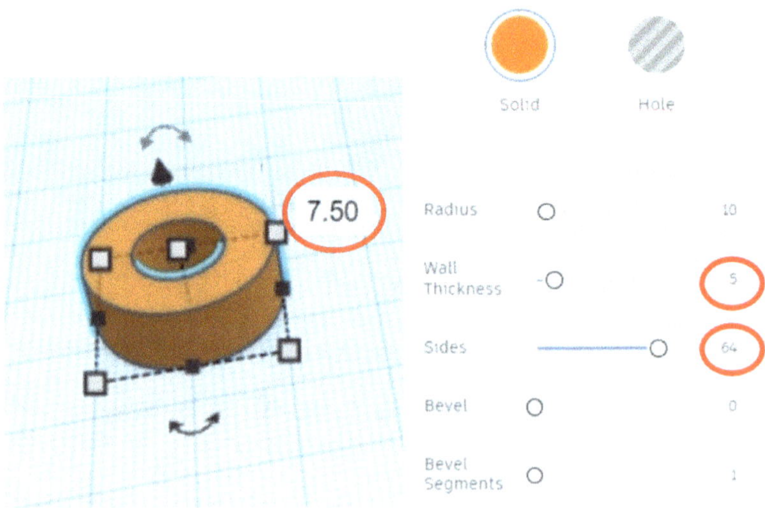

Ensuite, nous regroupons les deux entretoises rouges, les dupliquons et faisons pivoter le duplicata de 60 degrés dans le sens inverse des aiguilles d'une montre.

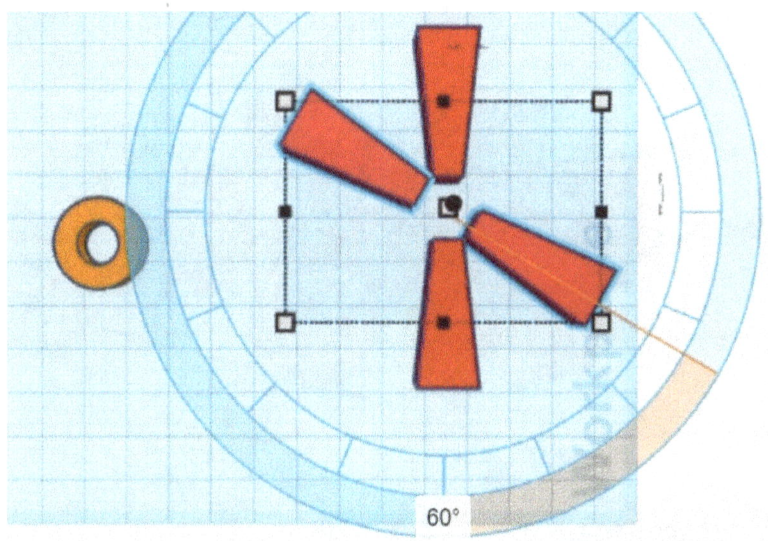

Nous dupliquons ensuite les barres tournées une nouvelle fois. Nous les plaçons également avec une rotation de 60 degrés pour obtenir la construction en forme d'étoile suivante, que nous regroupons également ("CTRL+G").

Ensuite, nous dupliquons l'objet tubulaire et plaçons le duplicata dans la zone centrale ① de la construction en forme d'étoile. Cela se fait avec le raccourci "L" et en sélectionnant les points d'alignement centraux ②-④.

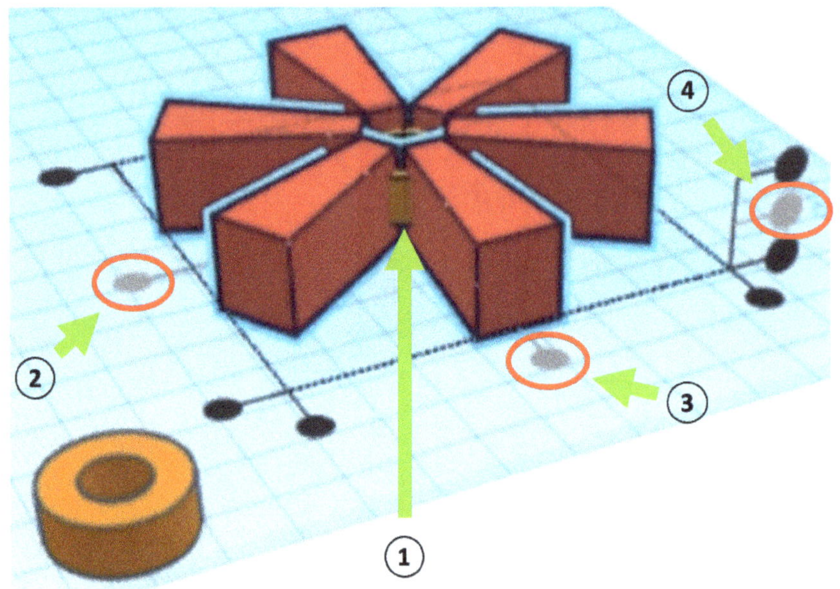

Pour affiner davantage la géométrie, nous avons besoin d'un paraboloïde dont nous modifions la longueur et la largeur à 60 mm et la hauteur à 12 mm. Nous voulons créer une découpe avec ce corps, c'est pourquoi nous passons de "Solid" à "Hole" dans les paramètres.

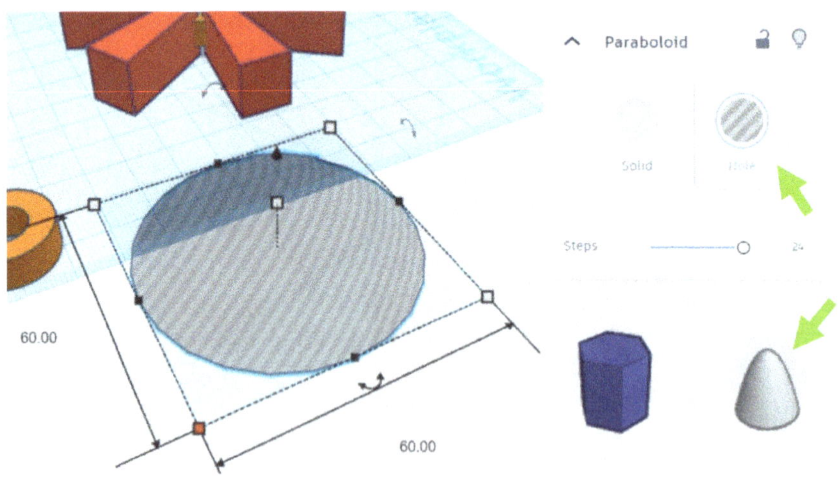

Ensuite, nous inversons le corps avec le raccourci "M", de sorte que la voûte convexe soit dirigée vers le bas.

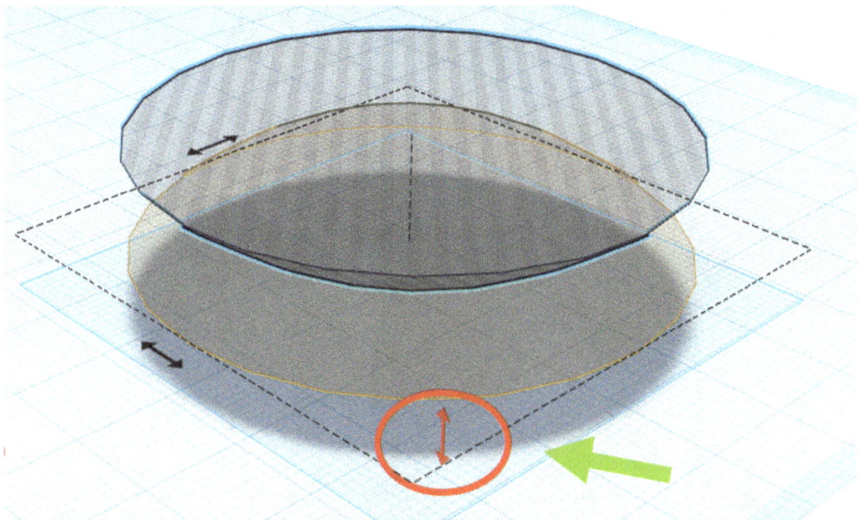

De plus, nous centrons l'objet à l'intérieur de la construction en forme d'étoile et le déplaçons vers le haut jusqu'à ce que la distance avec le sol soit de 6 mm.

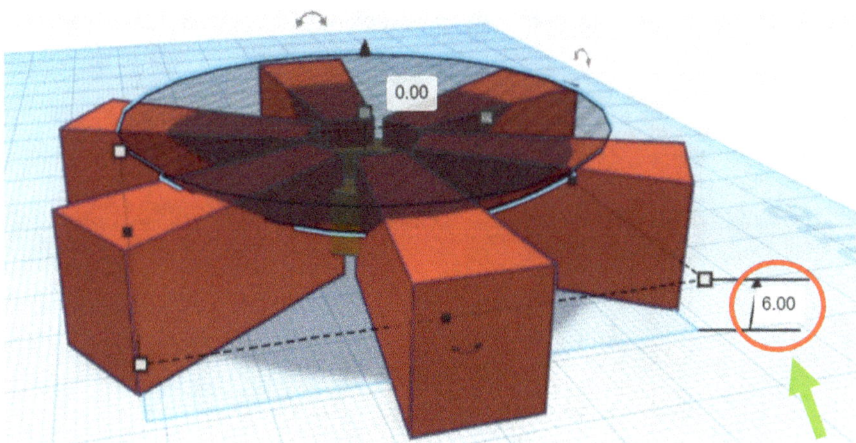

Ensuite, nous regroupons les objets entre eux, de sorte que le découpage soit effectué.

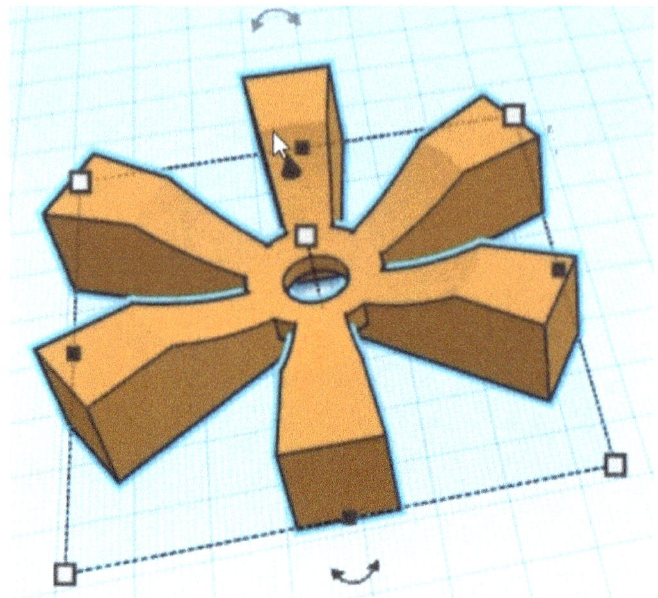

Dans l'étape suivante, nous dupliquons ("CTRL+D") l'objet groupé ① et déplaçons le duplicata ② légèrement vers le haut. Nous inversons l'objet de départ dans la zone inférieure avec le raccourci "L" et la flèche d'alignement ③ comme indiqué. Les deux objets doivent alors être orientés exactement à l'opposé l'un de l'autre.

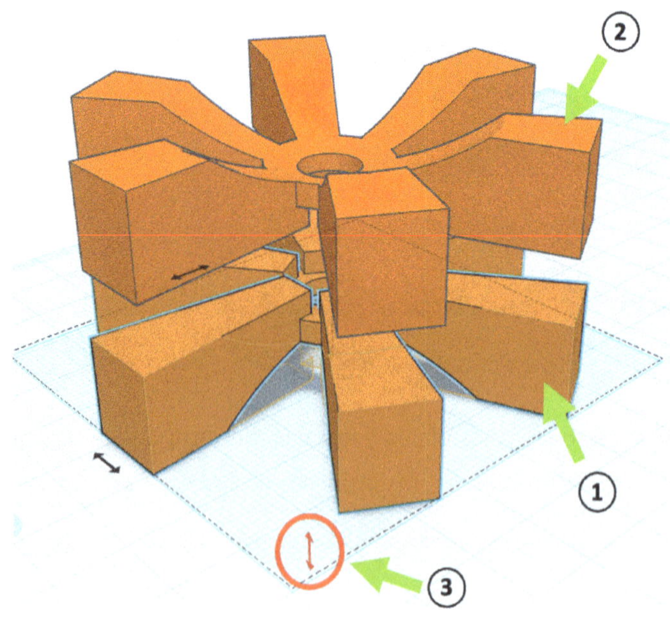

Ensuite, nous utilisons la commande "Workplane Tool" pour placer les deux objets l'un sur l'autre et la commande "Group" pour réunir les deux objets.

D'une étape précédente, il nous reste un objet tubulaire ① que nous utilisons dans cette étape. Nous changeons sa hauteur à 17 mm, puis nous le centrons en utilisant la commande "Align" et les points d'alignement représentés au centre ② de notre objet.

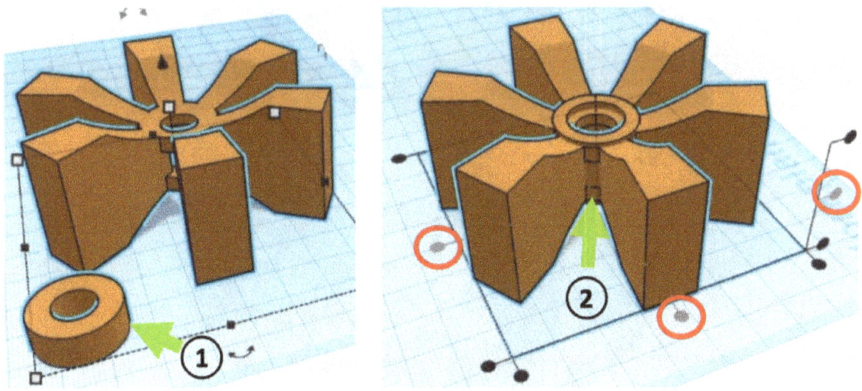

Maintenant, la partie intérieure de la jante est également terminée. Dans la dernière étape, nous regroupons la partie extérieure et la partie intérieure, puis nous les déplaçons l'une dans l'autre. A l'aide de la commande "Align", nous centrons les deux objets partiels groupés.

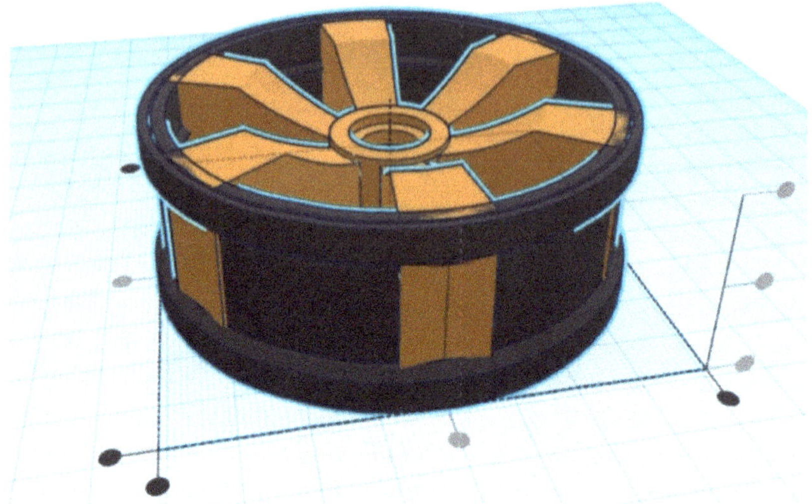

Ensuite, nous changeons la couleur et réduisons la partie intérieure à 28,75 mm en tirant sur le point marqué, de sorte que les entretoises ne percent plus la partie extérieure de la jante.

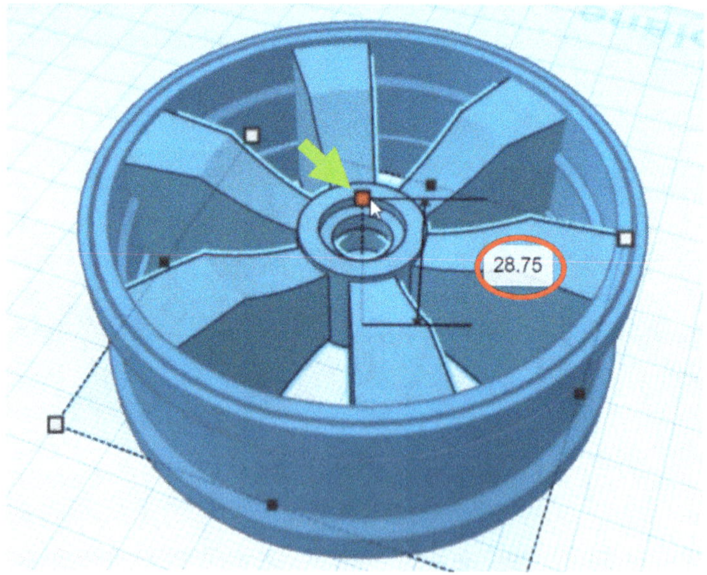

Mot de la fin

Bravo ! Tu as réussi à aller jusqu'à la fin du cours, c'est vraiment impressionnant ! Dans ce cours, il y avait des étapes complexes à maîtriser.

L'objectif de ce livre était d'améliorer tes compétences en CAO avec "Tinkercad" en créant pas à pas des modèles 3D impressionnants. J'espère que nous avons atteint cet objectif ensemble et que tu as pu profiter de ce livre. Nous avons créé un total de quatre designs remarquables et avons ainsi consolidé l'utilisation de fonctions déjà connues. Tu as donc toutes les raisons d'être fier de toi si tu es parvenu jusqu'ici. Félicitations !

La question de savoir s'il y aura une suite à cette deuxième partie, avec encore plus de projets CAO créatifs, reste ouverte et dépend également des critiques sur ce livre. N'hésite donc pas à laisser une critique si tu as aimé le livre et si tu souhaites une autre suite. Garde aussi un œil sur ma page d'auteur sur "Amazon" pour rester au courant.

Tu peux aussi consulter mes autres livres sur d'autres sujets comme l'impression 3D, sur d'autres programmes de CAO plus avancés comme "Fusion 360" ou "FreeCAD" ou encore sur l'électronique et la programmation avec "Tinkercad" et t'en procurer un exemplaire si tu es intéressé.

Si tu souhaites aller plus loin spécifiquement avec "Tinkercad", je te recommande de t'initier au monde de l'électronique et de la programmation avec mon livre "Projets Arduino avec Tinkercad", si tu ne l'as pas encore essayé.

Consulte simplement les pages suivantes, tu y trouveras un aperçu thématique de tous mes livres.

Encore une fois, un grand merci et j'espère à la prochaine fois !

Livres sur des sujets que vous pourriez également apprécier

Tous les livres sont disponibles en ligne sur les principales plateformes de vente. Il est préférable de rechercher le titre ou de visiter ma page d'auteur. Certains livres peuvent ne pas encore être publiés et ne seront pas disponibles avant un certain temps. Jetez un coup d'œil aux livres de votre choix et recevez-les chez vous sous forme de livre électronique ou de livre de poche !

Impression 3D :

CAO, FEM, FAO (Création d'objets 3D, Conception, Simulation) :

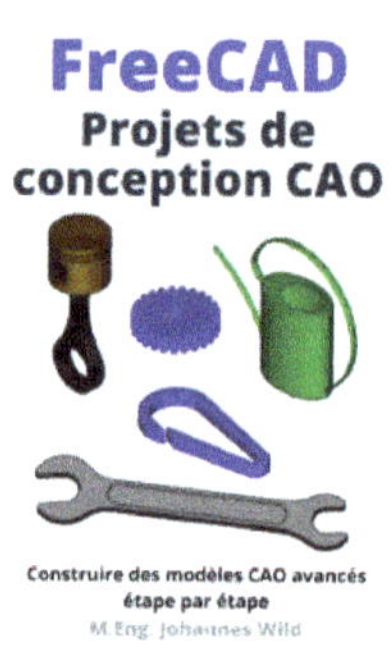

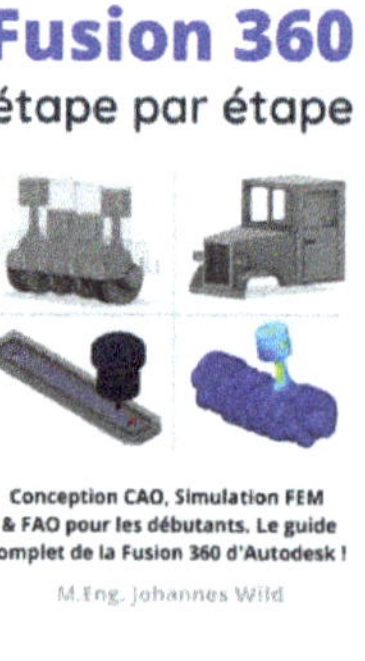

Ingénierie électrique :

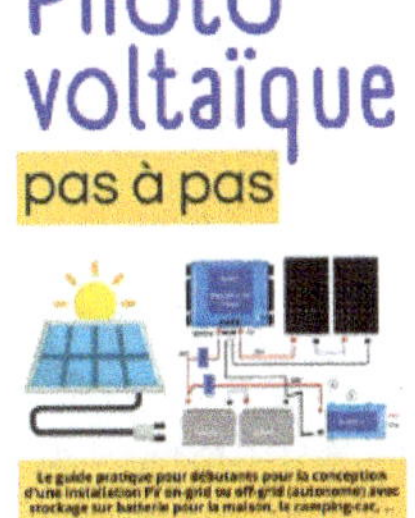

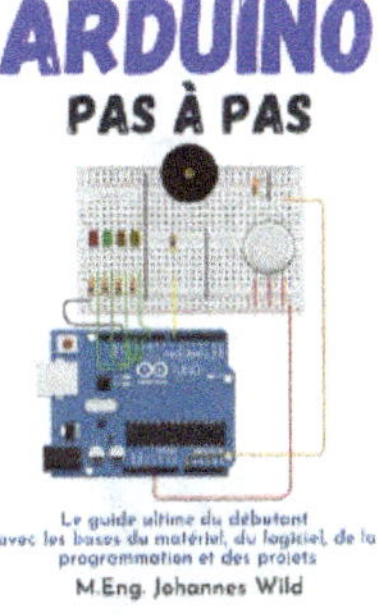

Programmation et autres logiciels :

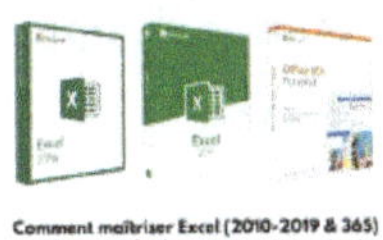

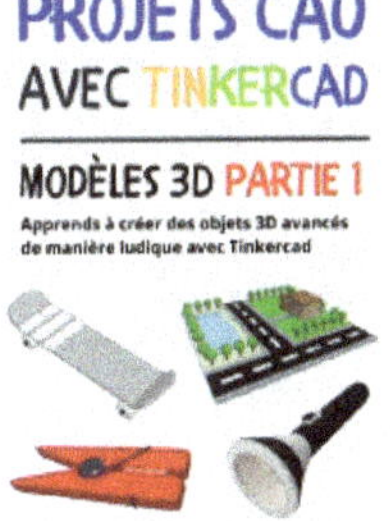

Des cours vidéo identiques sont également disponibles pour certains de ces livres :

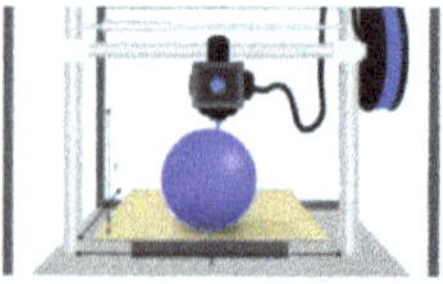

L'impression 3D | Un guide étape par étape

Le guide pratique pour les débutants créé par un ingénieur! Conçu pour une entrée immédiate dans l'impression 3D!

M.Eng. Johannes Wild

4.1 ★★★★☆ (32)

1.5 total hours • 20 lectures • All Levels

Highest rated

La conception en CAO | Modélisation pour débutants

Le guide pratique pour débutants pour créer des objets 3D avec un logiciel de CAO gratuit (pour l'impression 3D....)

M.Eng. Johannes Wild

5.0 ★★★★★ (2)

1.5 total hours • 15 lectures • All Levels

Fusion 360 étape par étape | CAO, FEM et FAO pour débutants

Le guide pratique d'AUTODESK FUSION 360 ! Apprenez la conception, la simulation et la fabrication auprès d'un ingénieur

M.Eng. Johannes Wild

3.9 ★★★★☆ (7)

3.5 total hours • 24 lectures • Beginner

Fusion 360 | Projets de conception CAO - Partie 1

10 projets de conception CAO simples ou de difficulté moyenne expliqués pas à pas aux utilisateurs avancés

M.Eng. Johannes Wild

2 total hours • 12 lectures • Intermediate

New

...

Pour l'achat, vous pouvez vous décider sur la plateforme d'apprentissage "Udemy" :

Recherchez mon nom sur www.udemy.com :

M.Eng. Johannes Wild ou utilisez le lien suivant :

www.udemy.com/courses/search/?src=ukw&q=m.eng.+johannes+wild

Inscrivez-vous dès aujourd'hui et approfondissez vos connaissances !

Mentions légales de l'auteur / de l'éditeur

Johannes Wild
c/o RA Matutis
Berliner Straße 57
14467 Potsdam
Germany

Courrier électronique : 3dtech@gmx.de

Cette œuvre est protégée par le droit d'auteur

www.ingramcontent.com/pod-product-compliance
Lightning Source LLC
LaVergne TN
LVHW010421230826
846092LV00003BA/992

* 9 7 8 3 9 8 7 4 2 1 2 6 6 *